Sammlung Göschen

Geschichte der Geologie

Von

Dr. K. Hummel
a. o. Professor an der Universität Gießen

Berlin und Leipzig
Walter de Gruyter & Co.
vormals G. J. Göschen'sche Verlagshandlung — J. Guttentag, Verlagsbuchhandlung — Georg Reimer — Karl J. Trübner — Veit & Comp.
1925

Druck von C. G. Röder G. m. b. H., Leipzig. 817725.

Inhaltsübersicht.

Literaturverzeichnis.

1. Allgemeine Schriften über Geschichte der Naturwissenschaften.

Bryk, O., Entwicklungsgeschichte der reinen und angewandten Naturwissenschaften im 19. Jahrhundert. Leipzig 1909.

Cuvier, G., Histoire des sciences naturelles depuis leur origine jusqu'à nos jours chez tous les peuples connus. Paris 1841—1845.

Dannemann, F., Die Naturwissenschaften in ihrer Entwicklung und in ihrem Zusammenhang. 2. Aufl. Leipzig 1920.

— Aus der Werkstatt großer Forscher. 3. Aufl. Leipzig 1908.

Günther, S., Geschichte der anorganischen Naturwissenschaften im 19. Jahrhundert. Berlin 1901.

Klenke, H., Die Naturwissenschaften der letzten 50 Jahre. Leipzig 1854.

Whewell, W., History of the inductive sciences. 3. Aufl. London 1857. (Übersetzt und mit Anmerkungen versehen von J. J. v. Littrow, Stuttgart 1840/41).

2. Schriften über Geschichte der Geologie im allgemeinen, besonders über die Entwicklung der Geologie in der Neuzeit[1]).

Andrée, K., Einige Bemerkungen zur Geschichte der Geologie, insbesondere der „phantastischen Periode" der Paläontologie. Naturw. Wochenschr. N. F. XVI, 1917, Nr. 51, S. 719—721.

d'Archiac, A., Histoire des progrès de la géologie depuis 1834. 8 Bde. Paris 1847 bis 1860.

Beck, R., Abr. Gottl. Werner. Eine kritische Würdigung des Begründers der modernen Geologie. Zu seinem 100jährigen Todestage. Jahrb. Bergw. Freiberg 1917, S. 3.

v. Cotta, B., Beiträge zur Geschichte der Geologie. I. Geologisches Repertorium. Leipzig 1877.

Sainte-Claire Deville, Coup d'oeil historique sur la géologie et sur les travaux d'Elie de Beaumont. Paris 1878.

Geikie, A., The founders of geology. London 1897.

Gregory, H. A., History of geology. Scientif. Monthly, 12, 1921, S. 97—126.

Günther, S., Alexander v. Humboldt, Leopold v. Buch. Berlin 1900.

— Aus der Sturm- und Drangperiode der Geogenie. Mitt. zur Gesch. d. Med. und der Naturwiss. 1912.

— Die geschichtlich erste grundsätzliche Unterscheidung zwischen Schichtvulkanen und Quellkuppen. Sitzungsber. d. kgl. bayr. Akad. d. Wiss. 1913.

---

[1]) Zahlreiche hierher gehörige Notizen sind ferner enthalten in den Nekrologen, die in verschiedenen geologischen Zeitschriften zerstreut sind, sowie in den historischen Abschnitten vieler Lehrbücher und Abhandlungen.

Hartmann, C., Neuere Geschichte der Geologie. Anhang zur Übersetzung von Lyell's Grundsätzen der Geologie, Bd. I. Weimar 1842.
Hoffmann, F., Geschichte der Geognosie und Schilderung der vulkanischen Erscheinung. Berlin 1838.
Käferstein, Chr., Geschichte und Literatur der Geognosie. Halle 1840.
de Launay, L., La science géologique, ses methodes, ses résultats, ses problèmes, son histoire. 2. Aufl. Paris 1913.
Merrill, G. P., Contributions to the history of American geology. U. S. Nat. Mus. Annual Rep. 1904, S. 189—733.
Merrill, G. P., The development of the glacial hypothesis in America. Pop. Science Monthly Bd. 68, 1906, S. 300—322.
Pompeckj, J. F., Die Auffassung vom Vulkanismus seit Leopold von Buch. Sitzungsber. d. Preuß. Akad. d. Wiss., v. 22. I. 1925.
Pröscholdt, Dr., Geschichte der Geologie in Thüringen. Programm der Realschule in Meiningen, 1881.
Ratzel, Fr., Raum und Zeit in Geographie und Geologie. Leipzig 1907.
Tietze, E., Einige Seiten über Eduard Sueß. Ein Beitrag zur Geschichte der Geologie. Jahrb. d. k. u. k. Reichsanstalt Bd. 66, 1916, S. 333—556.
Vogelsang, H., Philosophie der Geologie und mikroskopische Gesteinsstudien. Bonn 1867. (Abschnitt II. Die historische Entwicklung der Geologie.)
Weithofer, A. K., Die historische Entwicklung der Ansichten über die Entstehung der Kohle und Kohlenflöze. Neues Jahrb. f. Min., Beil. Bd. 41, 1916, S. 149 bis 236.
v. Zittel, K. A., Geschichte der Geologie und Paläontologie bis Ende des 19. Jahrhunderts. München und Leipzig 1899.

3. Schriften über das geologische Wissen des Altertums.

v. Lasaulx, E., Die Geologie der Griechen und Römer. Abhandl. d. Münch. Akad. d. Wiss., Philos. Kl. VI, 3, 1852, S. 550.
Link, H. F., Die Urwelt und das Altertum. Berlin 1821.
Nehring, A., Die geologischen Anschauungen des Philosophen Seneca. Beilage zum Programm des Gymnasiums von Wolfenbüttel 1873/76.
Otto, F., Anschauungen der Griechen und Römer über Erdbeben. Programm der deutschen k. u. k. Staatsrealschule in Budweis, 1903.
Schwarz, I., On the failure of geological attempts in Greece prior to the epoche of Alexander. London 1864.
Serbin, A., Bemerkungen Strabo's über den Vulkanismus und Beschreibung der den Griechen bekannten vulkanischen Gebiete. Diss. Erlangen 1893.
Strunz, F., Geschichte der Naturwissenschaften im Mittelalter. Stuttgart 1910.

4. Schriften über die Entwicklung der geologischen Forschungsorganisationen.

Beyschlag, F., Die preußische geologische Landesanstalt. Entwicklung und Leistung, Aufgaben und Ziele. Zeitschr. f. prakt. Geol. 1914, S. 22—29.
— Festsitzung der königlichen geologischen Landesanstalt am 29. Nov. 1913. Jahrb. d. preuß. geol. Landesanst. 1913, Bd. 34, S. 483—534.
Branca, W., Über die Abtrennung der Paläontologie von der Geologie. Naturwiss. Wochenschr. 1910, S. 113—115.
— Das geologisch-paläontologische Institut und Museum. In: Max Lenz, Geschichte der kgl. Friedrich-Wilhelms-Universität zu Berlin. Halle 1910. 3. Bd. S. 310—343.
Frech, F., Geologie und Paläontologie. In: Festschrift zur Feier des 100jährigen Bestehens der Universität Breslau. Breslau 1911, S. 473—476.

Jaekel, O., Über die Geologie und Paläontologie an den deutschen Hochschulen. Naturwiss. Wochenschr. 1910, S. 33—35.
Köhne, W., Die Entwicklungsgeschichte der geologischen Landesaufnahme Bayerns im Zusammenhang mit denjenigen des übrigen Deutschlands. Zeitschr. f. prakt. Geologie 1915, S. 109 (vgl. auch Geol. Rundschau VI, 1915, S. 178—192).
Krusch, P., Die Geschichte der Bergakademie zu Berlin von ihrer Gründung im Jahre 1770 bis zur Neueinrichtung im Jahre 1860.
Salomon, W., Das geologisch-paläontologische, früher stratigraphisch-paläontologische Institut der Universität Heidelberg im 1. Jahrzehnt seines Bestehens (1901—1911). Verhandl. d. naturhist.-med. Ver. zu Heidelberg 1911, N. F. Bd. 11, S. 137—159.
Steinmann, G., Geologie und Paläontologie. In: Die Entwicklung der Naturwissenschaften an der Bonner Universität seit ihrer Begründung. Die Naturwiss. VII. 1919, Heft 31, S. 559—561.
Tannery, P., Les sociétés savantes et l'histoire des sciences. Paris 1906.
Geologenkalender, herausgegeben von Max Weg, Leipzig 1911/12.
Verschiedene Aufsätze über die Organisation der verschiedenen geologischen Landesanstalten Deutschlands finden sich im Jahrgang 1893 und 1894 der Zeitschrift für prakt. Geologie.

A. Die geologischen Kenntnisse des Altertums.

Schon der prähistorische Mensch war in vieler Hinsicht vom Gestein der Erdrinde abhängig. Er war daher zu gewissen praktisch-geologischen Beobachtungen gezwungen; einzelne mögen auch schon in jenen entlegenen Zeiten aus ihren Beobachtungen theoretische Folgerungen gezogen haben; aber das Denken und Wirken dieser Leute blieb vereinzelt und konnte nicht fortwirken.

Erst als Teile der Menschheit sich zu Kulturstaaten zusammengeschlossen hatten, war wirkliche wissenschaftliche Forschung möglich; nicht nur die Erfindung der Schrift war dafür bedeutungsvoll, vielmehr gab erst die höhere Kultur einzelnen Menschen die Freiheit, sich idealen Zielen widmen zu können.

Bei den alten Kulturvölkern des Orients lag die Pflege der Wissenschaft hauptsächlich in den Händen der Priester. Dies führte zu einer gerade für die Geologie nicht besonders förderlichen Verknüpfung der Wissenschaft mit Religion und Mythus; denn den Priesterforschern kam es hauptsächlich darauf an, die Entstehungsweise der Welt zu erklären. Man benützte dabei zwar einzelne Beobachtungen, aber im großen und ganzen fehlte es diesen Kosmogenien durchaus an den exakten Grundlagen. Den Weltentstehungs-Theorien wurde häufig der Wert göttlicher Offenbarungen beigelegt; dadurch wurde die eigentliche wissenschaftliche Forschung gehemmt, da es unerwünscht war, wenn Beobachtungstatsachen mit den Theorien nicht übereinstimmten. Der aus jener Zeit stammende biblische Schöpfungsmythus hat auf die geologische Forschung bis in die neueste Zeit hinein störend eingewirkt.

Bei den Griechen und Römern kam es zu einer gewissen Trennung zwischen Wissenschaft und Religion. Die griechischen Forscher konnten somit auch der Naturbeobachtung wieder mehr Aufmerksamkeit zuwenden; sie haben sich dadurch geologische Kenntnisse erworben, die zum Teil auf erstaunlich hoher Stufe stehen. Diese Kenntnisse erstrecken sich freilich in erster Linie auf das Gebiet der dynamischen Geologie; sie waren von den besonderen Eigentümlichkeiten des geologischen Baus der Mittelmeerländer stark beeinflußt. Erdbeben und Vulkane kann man dort besonders leicht studieren.

In der Erdbebenkunde hatten die Alten schon nahezu dieselben Kenntnisse wie die moderne Wissenschaft noch vor wenig Jahrzehnten, ehe die modernen Meßmethoden erfunden waren. Seneca unterschied vulkanische Beben und Einsturzbeben; der Begriff des tektonischen Bebens war ihm unbekannt, weil er von nichtvulkanischen Bewegungen der Erdkruste nichts wußte. Die Alten kannten ferner den Einfluß der Erdbeben auf den Verlauf der Küstenlinien; so behauptet Strabo, daß Sizilien durch ein Erdbeben vom italienischen Festlande abgetrennt worden sei.

Die verschiedene Tätigkeitsform der Vulkane kannte man recht gut. Die Ursache des Vulkanismus erblickte man in einem unterirdischen Glutherde. Wenn man die hohen Temperaturen auf Feuer (Verbrennung) zurückführen wollte, so scheint uns dies jetzt lächerlich, doch hatten noch vor wenig mehr als 100 Jahren zahlreiche Geologen der Neuzeit ähnliche Anschauungen. Die Bedeutung gespannter Gase für die vulkanische Eruptionstätigkeit wurde von Seneca u. a. schon ganz richtig erkannt, man dachte dabei namentlich an Wasser, das von oben her auf den Glutherd kommt und verdampft, eine Theorie, die auch jetzt noch nicht ganz abgetan ist. Strabo kennt auch Zusammenhänge zwischen Vulkanismus und Erdbeben, er betrachtet die Vulkane als Sicherheitsventile der Erdrinde.

Die Atlantissage beweist, daß auch Bodenbewegungen den Alten nicht unbekannt waren. Aristoteles glaubt an einen periodischen Wechsel von Meer und Land; er denkt dabei nicht an gewaltsame Katastrophen, sondern an ganz allmähliche Veränderungen. Allerdings scheint er diese Theorie auf rein induktivem Wege gewonnen zu haben, er stützt sich dabei kaum auf Naturbeobachtungen.

Das Wasser besitzt in den halbtrockenen Mittelmeerländern große Bedeutung für die menschliche Kultur, es ist daher kein Wunder, wenn die Alten auch in der Hydrogeologie weitgehende Kenntnisse besaßen. Der Kreislauf des Wassers ist für Seneca eine vollkommen bekannte Erscheinung. Daneben schreibt er allerdings auch dem aus dem Erdinnern kommenden („juvenilen") Wasser, eine etwas übertriebene Bedeutung für die Quellbildung zu. Auch die mechanische und chemische Tätigkeit des Wassers wurde beachtet. Seneca kennt den Einfluß der festländischen Gewässer und der Brandungswogen auf die Bildung der Oberflächenformen des Festlandes. Aristoteles soll sogar die Erscheinungen der Bodenadsorption gekannt haben.

Auch die Sedimentbildung durch Wassertransport erregte die Aufmerksamkeit der antiken Beobachter. Ägypten wird häufig als ein Geschenk des Nils bezeichnet. Die Ursache der Anreicherung von Gold und Edelsteinen in Seifen war Seneca ebenso bekannt, wie die Erscheinungen des Küstenversatzes.

Die Versteinerungen sind dem Auge der Alten ebenfalls nicht entgangen. Zum Teil werden sie ganz richtig als Spuren früherer Meeresbedeckung gedeutet, man dachte dabei in der Regel an eine Art von Sintflut. Freilich war man sich über die natürliche Herkunft der Versteinerungen nicht in allen Fällen klar. So nahmen Aristoteles u. a. an, daß versteinerte Fische in der Erde selbst gelebt hätten. Große fossile Wirbeltierknochen hielt man für Überreste alter Riesengeschlechter.

Überblicken wir die Gesamtheit der geologischen Kenntnisse des Altertums, so sehen wir, daß fast jede historische Auswertung der Beobachtungen fehlt. Man fühlte freilich ein Bedürfnis, die geschichtliche Entwicklung des Erdkörpers zu klären, doch löste man diese Aufgabe im Altertum wie auch noch lange Zeit nachher auf rein induktivem Wege, man kam also zu Kosmogenien, die mit den Beobachtungstatsachen nur in höchst lockerem Zusammenhang standen.

Daß man nicht dazu kam, die Beobachtungen über geologische Dynamik zu erdgeschichtlichen Feststellungen zu verwerten, das liegt am Fehlen eingehender Geländebeobachtung. Man war wohl auf großartige, leicht zu beobachtende Erscheinungen aufmerksam geworden, die man gewissermaßen im Vorübergehen untersuchen konnte. Der Gelehrte des Altertums scheute aber die mühsame Kleinarbeit im Gelände, die erforderlich ist, wenn man den geologischen Aufbau eines Gebietes wirklich kennenlernen will. Deshalb konnte die Geologie des Altertums keine historische Wissenschaft werden.

B. Das Mittelalter.

Das Zeitalter der Scholastik konnte der auf Naturbeobachtung beruhenden Geologie keinerlei Fortschritte bringen. Die europäischen Gelehrten dieses Zeitabschnittes beschränkten sich darauf, die naturwissenschaftlichen Schriften des Altertums, namentlich den Aristoteles, zu durchforschen und auszulegen. Niemand dachte daran, neue Beobachtungen zu sammeln. Die Araber standen in dieser Zeit in wissenschaftlicher Hinsicht höher als die Europäer; sie haben in den anderen Naturwissenschaften erhebliche Fortschritte gemacht, ihre Beschäftigung mit der Geologie scheint aber wenig erfolgreich gewesen zu sein; vielleicht sind wir allerdings über die geologischen Kenntnisse des mittelalterlichen Orients bisher nur ungenügend unterrichtet. Der einzige neue geologische Gedanke, der auf die Araber zurückgeht, ist die unglückliche Theorie der Entstehung von Versteinerungen durch eine mystische „vis plastica" der Gesteine, eine Idee, die sich auch auf Europa ausbreitete (Albertus Magnus) und Jahrhunderte lang den wissenschaftlichen Fortschritt hemmte.

C. Die Neuzeit.

I. Das primitive Zeitalter der Geologie, etwa vom Ende des 15. Jahrhunderts bis in die Mitte des 18. Jahrhunderts.

1. Allgemeines.

Etwa vom 15. Jahrhundert ab verschwindet allmählich die scholastische Forschungsmethode und man beginnt, der Naturbeobachtung wieder mehr Beachtung zu schenken. Die

Wissenschaft folgt damit einem allgemeinen Zug jener Zeit; denn auch die darstellende Kunst widmet sich erst seitdem wieder der Naturdarstellung.

Freilich vollzieht sich die ganze Wandlung mit äußerster Langsamkeit; die empirisch-beobachtende Forschungsrichtung, aus der sich unsere moderne Naturwissenschaft entwickelt hat, spielt noch jahrhundertelang nur eine ziemlich untergeordnete Rolle und neben ihr blüht ebenso wie im Altertum die spekulative Richtung mit ihren Universalhypothesen und Kosmogenien. Die Erzeugnisse dieser Richtung sind meist phantastisch und grotesk, es verlohnt sich nicht, hier näher auf sie einzugehen; soweit sie Richtiges enthalten, beruht dies mehr auf Zufall als auf Beobachtungen. Zu den Vertretern der spekulativen Richtung gehören damals auch sehr bedeutende Männer, z. B. Leibniz, dessen „Protogaea" ein bezeichnendes Beispiel für diese Art von Werken ist.

Vom Standpunkt jener Zeit aus sind diese Kosmogenien nicht anders zu werten wie viele heutige wissenschaftliche Hypothesen; die ungenügenden geologischen, chemischen und physikalischen Erfahrungen und auch die theoretische Befangenheit, namentlich der Einfluß des mosaischen Schöpfungsberichts, gestatteten damals noch nicht, ein wissenschaftliches Weltbild in unserem Sinne zu bekommen; so sah man sich eben gezwungen, die vorhandene Lücke durch spekulative Überlegungen zu schließen.

Neben dieser spekulativen Richtung finden wir vom 16. Jahrhundert an eine empirisch-beobachtende Forschungsrichtung vertreten; sie nimmt namentlich im 18. Jahrhundert rasch an Bedeutung zu; sie ist der eigentliche Vorläufer der modernen Geologie. Selbstverständlich ist auch diese Forschungsrichtung den Hemmungen unterworfen, die sich aus der mangelhaften Entwicklung der übrigen Naturwissenschaften ergeben; aber allmählich werden diese Mängel ausgeglichen und so gewinnt man langsam eine ganze Reihe von Erfahrungen, die dem Altertum noch fehlten.

Es entspricht dem Charakter dieser Forschungsrichtung, daß sie in erster Linie beschreibt und sich nicht viel mit genetisch-historischen Folgerungen abgibt. Das bezeichnendste Beispiel dafür ist der „Mundus subterraneus" (1664) des Jesuitenpaters Athanasius Kircher, ein Werk, das man als die erste physikalische Erdbeschreibung bezeichnen könnte. Andere Forscher machen den Versuch, ihre Beobachtungen auch gedanklich zu verwerten; sie geraten aber dabei leicht auf spekulative Abwege. Im allgemeinen konnte dieser Schritt von der Beobachtung zur Theorie erst gegen Ende des 18. Jahrhunderts mit einiger Sicherheit gewagt werden, und nur wenigen, wie Nikolaus Steno (1638—1687), ist es schon im 17. Jahrhundert geglückt, aus ihren Beobachtungen mit gutem Erfolg theoretische Schlüsse zu ziehen.

2. Mineralogie.

Wegen der schlechten Verkehrsverhältnisse und wohl auch aus scholastischer Tradition waren die Naturwissenschaften bis weit in das 18. Jahrhundert hinein im wesentlichen ein Zimmerstudium. Dazu ist keine Naturwissenschaft ungeeigneter als die Geologie, die außerdem auch noch durch die mangelhafte Entwicklung der übrigen Naturwissenschaften gehemmt wurde. Die Mineralogie und Kristallographie entwickelte sich daher viel rascher als die Geologie. Schon im 16. Jahrhundert hat Georg Bauer, genannt Agricola (1494 bis 1555) — bezeichnenderweise ein Bergmann von Beruf — durch verschiedene Werke den Grundstein für die mineralogische Forschung gelegt. Freilich war auch die Mineralogie zunächst durch die mangelhaften chemischen Kenntnisse gehemmt; wir sehen aber doch eine ganze Reihe von wichtigen Fortschritten, namentlich auf kristallographischem Gebiet. Ein näheres Eingehen auf diese Entwicklung würde den Rahmen dieser Arbeit überschreiten; doch waren die Fortschritte der Mineralogie natürlich von großer Bedeutung für die mit ihr nahe verwandte Geologie.

3. Versteinerungskunde.

Mit dem Vorherrschen der Zimmergelehrsamkeit hängt es zusammen, daß auch die Paläontologie raschere Fortschritte machte als die Geologie. Man beschränkte sich in der Regel auf die Beschreibung, Abbildung und primitive Benennung einzelner Stücke, die in den „Raritätenkabinetten" schon in recht großer Zahl vorhanden waren. Schon in der ersten Hälfte des 18. Jahrhunderts erschien eine ganze Reihe von reichhaltigen und guten Fossilbeschreibungen, die zwar nur Sammlungskataloge sind, aber doch wissenschaftliche Bedeutung besitzen.

Über den Charakter der Fossilien sind sich die Forscher jener Zeiten im allgemeinen noch recht unklar. Der grundsätzliche Unterschied zwischen Versteinerungen und Kristallen war den meisten noch nicht zum Bewußtsein gekommen; wir finden daher in den Tafelwerken jener Zeit recht häufig ein wirres Durcheinander von echten Fossilien, Kristallen, Konkretionen, Dendriten und sogar nicht selten Münzen, Skulpturen und dergleichen. So lange eben die organische Herkunft der Versteinerungen und die Natur der Kristalle noch unbekannt war, bestand keinerlei zwingender Grund, Versteinerung und Kristall zu trennen, das eine wie das andere waren Naturformen, „lusus naturae", über deren Entstehungsweise man nur unklare Vermutungen hatte.

Die Frage, ob die Versteinerungen organischer oder anorganischer Herkunft seien, blieb recht lang unentschieden. Die arabische Theorie von der Zeugungskraft der Gesteine taucht immer wieder auf. Nur infolge solcher Anschauungen waren die Täuschungen möglich, denen der Würzburger Professor Beringer zum Opfer gefallen ist, dem seine Studenten künstliche Fossilien unterschoben, die dann von Beringer in einem großen Werke (1726) veröffentlicht wurden. Wie unsicher die Anschauungen über Versteinerungen waren, das geht schon aus den Werken Agricolas (s. o., 1494—1555) hervor; dieser betrachtete die Mehrzahl der Versteinerungen als „verhärtete Wassergemenge", also als anorganische Gebilde, während er von fossilen

Blättern, Holz und Knochen annahm, daß sie organischer Herkunft seien und durch einen „succus lapidescens“ in Stein verwandelt wären.

Unbefangene Forscher kamen schon frühzeitig zu der Überzeugung, daß die Versteinerungen Überreste normaler Lebewesen seien, und daß sie auf frühere Meeresbedeckung deuten können. Einer der ersten, der diese Ansicht vertritt, ist Lionardo da Vinci (1452—1519), der bei Kanalbauten in Oberitalien viele Versteinerungen gesehen hatte. Auch andere Italiener verfechten diese richtige Ansicht über die Versteinerungen. Offenbar bietet Italien besonders gute Bedingungen für die Erkenntnis dieser Tatsachen dar, weil junge Meeresschichten hier weitverbreitet sind und weil die Italiener wegen der geographischen Lage ihres Landes mit den Lebewesen des Meeres meist besser bekannt sind als andere, binnenländische Völker.

Die richtige Ansicht von der organischen Entstehung der Versteinerungen ringt sich im Laufe des 18. Jahrhunderts mehr und mehr durch. Freilich kommt zugleich auch fast überall die von der Kirche genährte Überzeugung auf, daß die im Binnenlande gefundenen Meerestiere Zeugen der biblischen Sintflut seien. Der Züricher Gelehrte Scheuchzer (1672—1733) erblickte z. B. im Skelett eines Riesensalamanders aus der Molasse die Überreste eines von der Sintflut überraschten Menschen.

Man wußte damals noch nicht, daß die Versteinerungen großenteils Reste ausgestorbener Lebewesen sind. Dies lag daran, daß die außereuropäischen Länder und die Ozeane erst ganz oberflächlich durchforscht waren. Man konnte also stets mit der Möglichkeit rechnen, daß die fossilen Formen in entlegenen Ländern und Meeren noch jetzt lebend vorhanden wären.

Die Sintfluttheorie ist ein Zeichen dafür, daß man begonnen hatte, die Versteinerungen als historische Urkunden zu betrachten. Auf die wahre historische Bedeutung der Fossilien wurde man schon ziemlich früh in England aufmerksam; die geologischen Verhältnisse Englands bieten sehr gute Vorbedingungen für die Erkennung der Verschiedenheit der Versteinerungen in den verschiedenen Formationen.

Der Physiker und Mathematiker Rob. Hooke weist bereits in einem 1688 geschriebenen Werke auf die Verschiedenheit zwischen den Fossilien und den Tieren der jetzigen englischen Meere hin; er erkennt die Bedeutung der Fossilien als historische Urkunden und sucht sie paläoklimatisch und paläogeographisch zu verwerten.

Noch weittragender sind die Feststellungen von Martin Lister (1638—1711); er erkennt die Horizontbeständigkeit gewisser Versteinerungen, er nimmt somit in einer dafür noch nicht reifen Zeit eine Entdeckung vorweg, die später, bezeichnenderweise wieder in England, durch W. Smith wiederholt und fruchtbringend ausgestaltet wurde. Aber selbst ein so guter Beobachter wie Lister war in den Anschauungen seiner Zeit befangen; denn obwohl er ein guter Kenner lebender Conchylien war, und obwohl ihm die Ähnlichkeit zwischen lebenden Conchylien und Versteinerungen aufgefallen war, verharrt er auf dem Standpunkt vom anorganischen Ursprung der Versteinerungen, er betrachtet dieselben als Naturspiele, die nur zufällig organische Formen wiederholen. Noch ein anderer Engländer, John Woodward (1665—1722), erkannte die Horizontbeständigkeit der Fossilien; dies zeigt, wie sehr derartige Erkenntnisse von den örtlichen Verhältnissen abhängen.

4. Dynamische und historische Geologie.

In der dynamischen Geologie verfügt die primitive Periode über zahlreiche, richtige Einzelbeobachtungen. Es sind im wesentlichen dieselben Tatsachen, die auch schon dem Altertum bekannt waren. Als Fortschritt ist es zu betrachten, daß de Maillet (1715/16) zum ersten Male den Versuch macht, die rezente Sedimentbildung systematisch zu studieren, um dadurch Anhaltspunkte für die Entstehungsweise fossiler Sedimente zu gewinnen; wir haben damit die ersten bewußten Anfänge der aktualistischen Methode.

Bei weitem der beste Beobachter und der fähigste Kopf der ganzen primitiven Periode war Nikolaus Steno (1638 bis 1687), ein geborener Däne, der hauptsächlich in Toskana wirkte. Er war der erste, welcher die erdgeschichtliche Bedeutung der Schichtung richtig erkannte. Er sieht, daß ursprünglich wagrecht abgelagerte Meeresschichten durch tektonische Kräfte aufgerichtet wurden und daß durch diese Vorgänge Gebirge gebildet wurden; daneben kennt er auch Gebirge, die aus vulkanischen Auswurfmassen aufgebaut sind. Er sucht seine Beobachtungen in einem Gesamtbild von der erdgeschichtlichen Entwicklung Toskanas zu vereinigen; er gliedert diese Entwicklung in sechs Perioden, die er in sechs profilartigen Diagrammen darstellt.

Die erdgeschichtlichen Erörterungen Stenos leiden freilich unter dem Bestreben, alles mit der Heiligen Schrift in Übereinstimmung zu bringen. Doch bleibt Steno trotzdem der erste, welcher erdgeschichtliche Feststellungen auf exakte Beobachtungen gründete. Stenos Werk enthält außerdem noch andere modern anmutende Gedanken; trotzdem war seine Arbeit wirkungslos, er war seiner Zeit vorausgeeilt, blieb lange Zeit fast unbekannt und wurde erst im 19. Jahrhundert wieder zu Ehren gebracht.

Abgesehen von diesem verfrühten Versuch Stenos wagte sich die Wissenschaft erst in den letzten Abschnitten der primitiven Periode an erdgeschichtliche Aufgaben. Örtliche Untersuchungen konnten nur zu beschränkten Ergebnissen führen. Eine großzügige erdgeschichtliche Synthese versuchte Buffon in seinen 1778 veröffentlichten „Epoques de la Nature“. Dieses Werk besitzt zwar einige Beziehungen zur spekulativen Richtung, aber Buffon baut doch auf einigen Beobachtungsgrundlagen, so daß seine Zeiteinteilung wenigstens in ihren Grundgedanken mit unseren heutigen Anschauungen einigermaßen übereinstimmt. Freilich schätzt Buffon, ebenso wie seinerzeit Steno, die Zeiträume der erdgeschichtlichen Entwicklung viel zu kurz.

5. Regionalgeologische Untersuchungen.

Die einzige sichere Grundlage für erdgeschichtliche Erörterungen bilden genaue Geländeuntersuchungen; der erste Vertreter dieser Forschungsrichtung ist Steno. Im Laufe des 18. Jahrhunderts kam diese Arbeitsweise an zahlreichen Stellen in Übung. In Deutschland waren am erfolgreichsten die Untersuchungen von Füchsel (1722—1773) in Thüringen. Er hat als erster die Begriffe Schicht, Lager und Formation definiert und hat eine Formationsgliederung seines Gebiets gegeben. Füchsel hebt die historische Bedeutung der verschiedenen Formationen hervor; viele seiner Ideen wurden später von A. G. Werner übernommen.

Die regionalgeologischen Untersuchungen legten den Gedanken nahe, die Ergebnisse in Form einer geologischen Karte zusammenzufassen. Die ersten, unausgeführt gebliebenen Anregungen zur Anfertigung von geologischen Karten stammen von dem obenerwähnten Engländer Lister, und zwar machte dieser schon den Vorschlag, Farben zur Bezeichnung der verschiedenen Gesteine zu verwenden. Erst fast ein Jahrhundert später, i. J. 1743, folgte Packe dieser Anregung durch Veröffentlichung einer geologischen Karte eines Teils von England; er verzeichnete die geologischen Tatsachen nicht mit Farben, sondern nur mit Zeichen und Linien. In ähnlicher Technik ist die erste in Deutschland veröffentlichte Karte ausgeführt; sie stammt von Füchsel und bringt eine Darstellung von Thüringen. Bald darauf erschienen die ersten farbigen geologischen Karten und das geologische Kartenwesen nahm dann einen raschen Aufschwung; Noch im 18. Jahrhundert faßte Guettard den nicht zur Vollendung gekommenen Plan, einen geologischen Atlas von Frankreich zu veröffentlichen; dies war der erste Versuch einer planmäßigen geologischen Landesaufnahme.

Die geologischen Karten jener Zeit sind sehr primitiv, aber sie bedeuten doch einen großen Fortschritt, da sie dem Forscher einen raschen und klaren Überblick über den geologischen Bau von Gebieten verschaffen, die er selbst nicht bereiste.

6. Gesamtbild des primitiven Zeitalters.

Die primitive Periode schafft zunächst langsam, im Laufe des 18. Jahrhunderts in etwas schnellerer Entwicklung die

Grundlage für den Aufbau der modernen geologischen Forschung. Die Hauptfortschritte liegen im Ausbau der für die Geologie unentbehrlichen Hilfswissenschaften (Chemie, Mineralogie, Zoologie, Paläontologie usw.) und in der Erweiterung der regionalgeologischen Kenntnisse. Ferner sind auch die Fortschritte der geographischen Erforschung der Erdoberfläche nicht ohne Bedeutung für die Geologie, ebenso die allmähliche Verbesserung des Weltverkehrs.

Gleichzeitig macht sich ein Umschwung in der wissenschaftlichen Arbeitsweise bemerkbar. Bis etwa in die Mitte des 18. Jahrhunderts fehlt fast jede Zusammenarbeit der verschiedenen Forscher; jeder ist eigentlich Autodidakt. Im 18. Jahrhundert beginnt man allmählich mit unseren modernen Methoden, der einzelne lernt durch das Schrifttum oder durch unmittelbaren Unterricht die Erfahrungen seiner Vorgänger zu nützen.

Ferner kehrt sich die Naturwissenschaft im Laufe des 18. Jahrhunderts mehr und mehr von der rein spekulativen Richtung ab und baut ihre Erkenntnis auf der Naturbeobachtung auf. Für die Geologie fehlte es jedoch zunächst noch an einer systematischen Ordnung, welche die Übersicht über die Forschungsergebnisse erleichtert. Linnés Werk erstreckte sich nur in sehr beschränkter Weise auch auf das Gebiet der Geologie. Das Verdienst, der geologischen Forschung zuerst eine allgemein anerkannte systematische Grundlage gegeben zu haben, gebührt dem Freiberger Geologen und Bergmann Abraham Gottlob Werner (1749—1817); mit ihm beginnt ein neues Zeitalter der geologischen Forschung.

II. Das heroische Zeitalter der Geologie um die Wende des 18. und 19. Jahrhunderts.

1. Abraham Gottlob Werner.

Es sind im wesentlichen zwei Gesichtspunkte, die von Werner zwar nicht gerade zuerst erkannt, aber doch durch seine erfolgreiche Lehrtätigkeit zur allgemeinen Anerkennung gebracht wurden. Zunächst hat er die Bedeutung der Naturbeobachtung für die Forschung in das richtige Licht gerückt; seine engen, auf alter Familientradition beruhenden Beziehungen zum praktischen Bergbau spielen dabei eine wesentliche Rolle; denn der Bergmann ist zur genauen Beobachtung der Gesteine unmittelbar gezwungen. Werner hat den Gegensatz zwischen der spekulativen und der beobachtenden Forschung bewußt empfunden, er bezeichnet die beobachtende Forschung als Geognosie, im Gegensatz zur mehr oder weniger phantastischen Geologie. Noch größer aber sind die Verdienste, welche sich Werner durch die Schaffung einer geologischen Systematik erwarb; was Linné für die Botanik und die Zoologie gewesen ist, das war Werner für die Geologie.

Im Gegensatz zu seiner erfolgreichen Tätigkeit als Beobachter und Systematiker steht Werners Wirken als Theoretiker; auch er wollte seine Beobachtungen theoretisch auswerten und ein geschlossenes Weltbild schaffen. An dieser Aufgabe aber ist er gescheitert, weil sein Beobachtungsmaterial zu dürftig war. Dieser Gegensatz, gute Beobachtungen, aber schlechte theoretische Auswertung, ist übrigens für jene ganze Zeit bezeichnend. Die Gegner Werners waren zwar bei ihren theoretischen Überlegungen zum Teil etwas glücklicher als Werner, doch verdanken sie dies mehr dem Zufall oder den örtlichen Bedingungen als einer größeren Einsicht; das heroische Zeitalter war für synthetische Forschungsweise noch nicht reif, seine Aufgaben und seine Erfolge liegen auf dem Gebiet der Beobachtung, der Analyse.

2. Systematische Gesteinskunde.

Werner war ebenso erfolgreich als Mineraloge wie als Geologe; um Mineralchemie und Kristallographie kümmerte er sich zwar wenig, er hat aber systematisch klärend gewirkt, indem er die Kennzeichnung und Benennung der Mineralien eindeutig regelte. Daraus erklärt sich, daß er die Gesteinskunde, dieses Grenzgebiet von Mineralogie und Geologie, besonders förderte. Er schuf die erste klare Systematik und

Nomenklatur der Gesteine, er unterschied einfache und gemengte Gesteine, wesentliche und akzessorische Gemengteile, er definierte die Gesteine nach Textur, Lagerung, Absonderung, Alter, Vorkommen usw. Freilich war er durch mangelhafte Untersuchungsmethoden (Fehlen des Mikroskops) an der richtigen Beurteilung mancher Gesteine behindert. Sein System scheint uns zwar unvollkommen, da es eine gewisse Verquickung von Stratigraphie und Petrographie ist; doch war es ein großer Fortschritt gegenüber dem früheren, chaotischen Zustand.

Eine systematische Einteilung der Gesteine entsprach offenbar einem Bedürfnis der damaligen Zeit; denn unabhängig von Werner, aber fast gleichzeitig mit ihm hat Karl Haidinger in Wien ebenfalls ein System der Gesteine aufgestellt; es war jedoch unvollständiger als das von Werner und konnte sich daher keine Geltung verschaffen.

Auf Werners System fußen die Gesteinsuntersuchungen der Schüler und Zeitgenossen Werners. Man beschäftigte sich hauptsächlich mit der Beschreibung der makroskopischen Beschaffenheit der Gesteine; ein großer Teil der jetzt noch gebräuchlichen Gesteinsnamen wurde in dieser Zeit geschaffen. Zum weiteren Fortschritt fehlten die chemischen Grundlagen und die mikroskopische Technik. Zwar hatten verschiedene französische Forscher versucht, Gesteinspulver mikroskopisch zu untersuchen, doch waren die Methoden noch zu unvollkommen und wurden nicht weiterverwertet. Erst als gegen die Mitte des 19. Jahrhunderts Chemie und Mikroskopie zu Hilfe genommen wurden, konnte die Gesteinskunde neue Erfolge erzielen.

3. Ansichten über Gesteinsbildung.

Viel unvollkommener als die systematischen Kenntnisse waren die Ansichten über Gesteinsbildung. Werner war „Neptunist", d. h. er erklärte alle Gesteine mit Ausnahme der jungvulkanischen Laven und Tuffe als Ausscheidungen aus wässriger Lösung. Selbst die kristallinen Gesteine, wie z. B. Granit, Basalt und Glimmerschiefer, wurden als neptunische Bildungen gedeutet, ja, in der kristallinen Beschaffenheit sah man geradezu einen Beweis für die Bildung aus wässrigen Lösungen, nur glasige Gesteine wollte man als Erstarrungsprodukte eines Schmelzflusses anerkennen. Diese Anschauungen erklären sich z. T. aus den Eigentümlichkeiten des beschränkten Arbeitsgebietes von Werner (schichtförmige Ausbildung der Basaltdecken in Mitteldeutschland). Freilich kann man Werner auch den Vorwurf der theoretischen Voreingenommenheit nicht ganz ersparen; diese war bei dem großen Ansehen Werners besonders gefährlich. So haben die falschen Theorien Werners den wissenschaftlichen Fortschritt namentlich in Deutschland längere Zeit erheblich gehemmt.

Der Begriff des Vulkans war Werner keineswegs unbekannt; doch betrachtete er den Vulkanismus als eine nebensächliche Erscheinung, die durch brennende Kohlenflöze bedingt sein sollte. In den vulkanischen Gesteinen erblickte Werner Sedimente, die durch die Verbrennungswärme umgeschmolzen waren. Ähnliche Ansichten über die Ursachen des Vulkanismus waren auch unabhängig von Werner damals weit verbreitet; so sah der weitgereiste Forscher Pallas (1741—1811) die Ursache des Vulkanismus in der Zersetzung von Schwefelmetallen.

Bessere Ansichten über den Vulkanismus hatte man in England, Frankreich und Italien. Beachtenswert sind namentlich die Theorien von James Hutton (1726—1797), der meist als der erste Vertreter der „Vulkanisten" bezeichnet wird. Hutton führte die Feuerflüssigkeit der vulkanischen Massen nicht auf oberflächliche Verbrennungserscheinungen, sondern auf die innere Erdwärme zurück; diese Erdwärme bringt er allerdings mit einem „Zentralfeuer" in Zusammenhang, da Wärme ohne Feuer für jene Zeit etwas Undenkbares war. Hutton hat ferner als erster betont, daß feuerflüssige Massen auch im Erdinnern erstarren können, er hat also den Gegensatz zwischen Ergußgesteinen und Tiefengesteinen erkannt, freilich ohne die ihm bekannten vulkanischen Gesteine richtig auf diese beiden Gruppen zu verteilen. Im übrigen sind

Huttons Ansichten z. T. recht phantastisch; er hatte aber entschieden für die theoretischen Möglichkeiten der Gesteinsbildung einen klareren Blick als Werner; denn er kennt auch die Erscheinungen der neptunischen Gesteinsbildung. Zu weit geht er freilich, wenn er die Erhärtung aller Gesteine auf vulkanische Hitze zurückführen will; doch gerade in diesen Ansichten kann man die ersten, noch unklaren Ahnungen vom Wesen des Metamorphismus erblicken.

Eine Ergänzung zu Huttons Theorien bilden die experimentellen Untersuchungen von James Hall (1762—1831), der nachwies, daß kristalline Gesteine auch aus einem Schmelzfluß entstehen können, wenn derselbe langsam abgekühlt wird. Ebenso zeigte er, daß der kohlensaure Kalk unter hohem Druck umkristallisieren kann, ohne daß die Kohlensäure entweicht.

Bedeutungsvoll für die Deutung der Basaltbildung wurden die Beobachtungen französischer Forscher in der Auvergne; hier wurde festgestellt, daß Basalte unmittelbar dem Granit auflagern und diesen durchbrechen. In Italien untersuchte Breislak (1748—1826) die tätigen Vulkane; aber auch diese „Vulkanisten" erkannten die Ursache der vulkanischen Erscheinungen nicht richtig, sie glaubten an Verbrennungsvorgänge in den Vulkanen.

Dank der Autorität Werners konnten die vulkanistischen Anschauungen in Deutschland nur schwer Fuß fassen; hier tobte daher lange Zeit ein erbitterter Kampf zwischen Neptunisten und Vulkanisten. Die Entscheidung zugunsten der Vulkanisten wurde dadurch herbeigeführt, daß namhafte deutsche Forscher, vor allem Leopold von Buch (1774 bis 1852) und Alexander v. Humboldt (1769—1859) sich in Italien und in der Auvergne von der Unhaltbarkeit der neptunistischen Theorien überzeugten.

Die Probleme der Gesteinsumwandlung lagen im allgemeinen noch außerhalb des Gesichtskreises dieser Periode. Erst in den letzten Jahren derselben (1822) wurde durch A. Boué (1794 bis 1881) der Begriff „Metamorphismus" in die Wissenschaft eingeführt. Die embryonalen Gedanken Huttons wurden schon erwähnt. L. v. Buch kam in den Südalpen zu der Anschauung, daß Dolomit durch Einwirkung vulkanischer Dämpfe sekundär aus Kalkstein entstanden sei. In ähnlicher Weise erklärte der Thüringer Geologe J. H. Heim (1741—1819) die Dolomitriffe des Zechsteins am Rande des Thüringer Walds. Der Theorie Buchs widersprachen die Engländer, da ihr flözförmiger Zechsteindolomit nicht durch vulkanische Einflüsse erklärt werden konnte.

Im allgemeinen nahm man in der heroischen Periode an, daß die Gesteine durch außergewöhnliche, katastrophenartige Vorgänge, große Meeresüberflutungen oder universelle Vulkantätigkeit gebildet werden. Einzelne, z. B. Hutton und Playfair, hatten zwar auf die Möglichkeit hingewiesen, die geologischen Erscheinungen durch jetzt noch wirkende Kräfte zu erklären; diese Ansichten wurdeu jedoch wenig beachtet. Erst gegen Ende des Zeitabschnittes entwickelte sich eine Gegenströmung gegen die Katastrophenlehre. C. E. A. v. Hoff (1771—1837) veröffentlichte in den Jahren 1822—1834 ein Werk, welches sich mit den durch Überlieferung nachgewiesenen natürlichen Veränderungen der Erdoberfläche beschäftigte. Dieses Werk enthält die Grundlagen der modernen, aktualistischen Untersuchungsmethoden; Hoff steht jedoch selbst noch teilweise auf dem Boden der Katastrophenlehre. Bedeutend mehr Beachtung als diese Arbeit Hoffs fanden die in derselben Zeit veröffentlichten „Principles of Geology" von Charles Lyell (1797—1875), der offen den Kampf mit der Katastrophenlehre aufnahm und dadurch einen neuen Abschnitt der allgemein-geologischen Forschung einleitete.

4. Ansichten über Gebirgsbau.

Die Grundlagen aller tektonischen Überlegungen bilden die Lagerungsverhältnisse der Gesteine. Werner gab die erste systematische Übersicht über die verschiedenen Möglichkeiten der Gesteinslagerungen. Er führt die vom Bergbau übernommenen Begriffe des Streichens und Fallens in die Geologie ein, er machte auf den Unterschied zwischen Lagern und Gängen aufmerksam, er kennt die verschiedensten Arten von Lagerung.

Wir müssen aber auch hier feststellen, daß Werner zwar ein guter Beobachter und Systematiker, aber ein schlechter Theoretiker war; denn seine Deutung der verschiedenen Lagerungsverhältnisse ist durchaus verfehlt. Mit Ausnahme von unbedeutenden Auslaugungsvorgängen kennt er keine sekundäre Schichtaufrichtung, er nimmt an, daß sich die meisten Gesteine noch in ihrer ursprünglichen Lage befinden.

Viele Zeitgenossen Werners, welche über ein ausgedehnteres Beobachtungsgebiet verfügten, hatten bereits viel bessere tektonische Ansichten. So kennt Pallas den Aufbau vieler Gebirge aus einem Kern von massigen und steil aufgerichteten Schichten und einem äußeren Mantel von schwächer geneigten und wagerechten Schichten; er schließt aus diesen Beobachtungen ganz richtig auf die Vorgänge der Gebirgsbildung und sogar auf das Alter der Gebirge. Zahlreiche wertvolle Beobachtungen über den tektonischen Bau der Alpen machte der Genfer Forscher H. B. de Saussure (1740—1799), der Begründer der alpinen Touristik; er kannte die Fächerstellung der Schichten in den Zentralmassiven, die Parallelität der Haupt- und Nebenketten usw. Er war in erster Linie Beobachter, in seinen theoretischen Folgerungen war er sehr zurückhaltend.

Hutton kennt ebenfalls steilgestellte Schichten und diskordante Lagerung; er schließt daraus auf verschiedene „Bildungsperioden" der Erde. Die Ursache der Gebirgsbildung erblickte er in vulkanischen Kräften, bzw. in der Wärme des Erdinnern. Auffallend ist es, daß Hall die in der Natur beobachteten Gesteinsfaltungen experimentell durch seitlichen Zusammenschub von Tüchern und Tonlagen erzeugte, ohne aber deshalb die Theorie von der vulkanischen Hebung aufzugeben; für die Kontraktionstheorie war jene Zeit noch nicht reif.

L. v. Buch schuf den Begriff des „Erhebungskraters"; er kennt zwar auch „Explosionskrater" mit zentralem Kraterkessel, nahm aber an, daß die Kettengebirge und die Mehrzahl der Vulkanberge durch Hebung erzeugt seien. Einige englische und französische Forscher betonten dagegen die Entstehung von Vulkanbergen durch Aufschüttung; doch behielt die Theorie der Erhebungskrater durch die Autorität Buchs und Elie de Beaumonts (1798—1874) lange Zeit ziemlich allgemeine Anerkennung. Scheinbar konnte diese Theorie durch viele Beobachtungen gestützt werden. So schien das häufige Auftreten kristalliner Gesteine im Kern der Kettengebirge Buchs Theorie zu bestätigen. Wenn übrigens neuerdings die Kettengebirge wieder von manchen Forschern als Zonen eigener Kraftentfaltung betrachtet werden, so stehen diese Theorien den Anschauungen Buchs nicht allzu fern.

Buch hat als erster betont, daß bestimmte Richtungen in der Längsausdehnung der Gebirge vorwalten. Er unterschied in Mitteleuropa vier tektonische Systeme (alpin, rheinisch, niederländisch und herzynisch); sie sollten vulkanischen Spalten entsprechen. Durch L. v. Buch wurden andere Forscher zu weiteren Untersuchungen über die Richtung der Gebirgszüge angeregt. A. v. Humboldt stellte die eigentümliche Behauptung auf, daß alle älteren Gebirgszüge auf der ganzen Erde unter demselben Winkel zum Meridian verliefen. Am eingehendsten wurden Buchs Theorien durch Elie de Beaumont ausgebaut; dieser unterschied schließlich 21 verschiedene tektonische Systeme und nahm an, daß alle parallelen Ketten gleiches Alter besäßen. Die Anschauungen über den Zeitpunkt der verschiedenen gebirgsbildenden Bewegungen waren noch lange Zeit recht unklar und falsch; so stellte der Berliner Geologe Friedrich Hoffmann (1797—1836) die Entstehung des varistischen Faltungssystems an die Wende von Jura- und Kreidezeit und die Entstehung der Alpen in das Diluvium. Die Methoden zur Bestimmung des Alters der Gebirgsbildung waren zwar schon von Pallas angedeutet worden, ausgearbeitet wurden sie erst durch Elie de Beaumont. Es entsprach den allgemeinen Anschauungen jener Zeit, daß man auch die Gebirgsbildung als einen katastrophalen, plötzlichen Vorgang betrachtete, der mit den universellen Erdkatastrophen im Zusammenhang stand.

Beobachtungen über epirogenetische Bewegungen wurden namentlich an den gehobenen Strandlinien Nordeuropas gemacht. Playfair (1748—1819) sah sie in Schweden und Schottland; später schloß L. v. Buch auf Grund seiner Erfahrungen in Norwegen auf eine Hebung von ganz Skandinavien.

5. Die Stratigraphie in der heroischen Periode.

Auch auf dem Gebiete der Stratigraphie hat Werner Grundlegendes geleistet; jedoch fußt er dabei mehr als sonst auf anderen Forschern, namentlich auf Füchsel. Als „Formation" bezeichnet Werner petrographisch einheitliche Gebilde, die sich in verschiedenen Abschnitten der Erdgeschichte wiederholt gebildet haben können. Er faßt diese Formationen zn „Formationssuiten" zusammen, die bestimmten, aufeinanderfolgenden Perioden der Erdgeschichte entsprechen. Er unterschied fünf derartige Formationssuiten, nämlich das Urgebirge, das Übergangsgebirge, das Flözgebirge, das aufgeschwemmte Gebirge und die vulkanischen Gesteine. Zur Parallelisierung verwendete Werner nur die Gesteinsbeschaffenheit, die stratigraphische Bedeutung der Versteinerungen war ihm und vielen seiner Zeitgenossen unbekannt. Werner war der Ansicht, daß die von ihm in Mitteldeutschland aufgestellte Formationsgliederung in ähnlicher Weise für die ganze Erde gültig sei; die Unrichtigkeit dieser Annahme wurde jedoch bald, namentlich durch die weiten Reisen A. v. Humboldts, nachgewiesen.

Fortschritte der stratigraphischen Kenntnisse mußten sich hauptsächlich aus regionalgeologischen Forschungen ergeben. Besonderes Aufsehen erregte es, als man feststellte, daß der bisher für ältestes Urgebirge gehaltene Granit und andere kristalline Gesteine offenbar manchmal jünger sind als fossilführende Formationen.

Die Wernersche Formationsreihe war unvollständig, z. B. galt unter den zusammenhängenden „Flözgebirgen" die Kreide als das jüngste Glied. Daß auch postkretazische Schichten in ausgedehnten

Flözen auftreten können, wurde erst durch Cuvier (1769—1832) und Alex. Brongniart (1770—1847) festgestellt; diese Forscher gaben die erste Gliederung der Tertiärschichten des Pariser Beckens.

Es fehlte nicht an Versuchen, die Schichtenreihen der verschiedenen Länder mit einander zu parallelisieren. Dies gelang aber nur unvollkommen, so lange man sich ausschließlich auf die Gesteinsbeschaffenheit der Schichten stützte. So parallelisierte man das englische Old red (Devon) mit dem deutschen Rotliegenden, den englischen Lias mit dem deutschen Muschelkalk. Eine sichere Grundlage erhielten diese Versuche erst durch die Verwertung von Leitfossilien. In England war man schon im 17. Jahrhundert auf die Horizontbeständigkeit der Versteinerungen aufmerksam geworden (vgl. S. 15). Diese vorzeitigen Entdeckungen waren jedoch längst wieder vergessen. Der Begründer der Lehre von den Leitfossilien ist der englische Ingenieur William Smith (1769 bis 1839), der bei seinen technischen Arbeiten die Versteinerungen des englischen Flözgebirges studierte. Er hat nicht viel veröffentlicht, aber er legte eine stratigraphisch geordnete Fossilsammlung an und verfertigte einige farbige geologische Karten von England und Wales; die Erläuterungen zu diesen Karten, sowie einige z. T. nur handschriftlich vervielfältigte Tabellen und Profile enthalten seine Gliederung des englischen Mesozoikums; dabei wurden viele noch jetzt gebräuchliche Namen zum ersten Male verwendet.

Die bedeutungsvollen Arbeiten von W. Smith regten zu weiteren Untersuchungen über die Leitfossilien an. So beschäftigte sich Cuvier hauptsächlich mit den fossilen Säugetieren des Pariser Beckens und wies nach, daß diese Säugetierreste auf die Tertiärschichten beschränkt sind. Cuvier suchte nach einer Erklärung für den Wechsel der Lebewesen im Laufe der Erdgeschichte und fand dieselbe in der Kataklysmenlehre, welche annimmt, daß große Katastrophen von Zeit zu Zeit den größten Teil aller Lebewesen vernichten und damit Raum schaffen für neue Entwicklung, bzw. Neuschöpfung. So lange man die Arten für etwas unabänderliches hielt und der Entwicklungsgedanke noch nicht reif war, mußten derartige Theorien durchaus glaublich erscheinen; Cuviers Katastrophenlehre hat die gesamte Geologie mehrere Jahrzehnte lang stark beeinflußt.

Spezielle Untersuchungen über Leitfossilien kamen erst in den letzten Jahren unseres Zeitabschnitts zustande. Adolf Brongniart (1801—1876) wies darauf hin, daß auch die Pflanzen eine Entwicklung durchgemacht haben. Deshayes (1795—1875) verfaßte i. J. 1831 das erste, unvollständig gebliebene Werk über Leitfossilien. Zur allgemeinen Anerkennung kam das Prinzip der Leitfossilien aber erst im folgenden Abschnitt der geschichtlichen Entwicklung durch die Arbeiten von Conybeare (1787—1857) und Philips (1800—1874).

Wenn auch die stratigraphischen Untersuchungsmethoden noch äußerst mangelhaft waren, so haben die Forscher des heroischen Zeitalters doch das Verdienst, daß die erdgeschichtliche Bedeutung des Schichtenbaues endgültig geklärt wurde. Aber man nahm damals an, daß die einzelnen Abschnitte der Erdgeschichte durch katastrophale Ereignisse scharf von einander getrennt seien. Erst gegen Ende des Entwicklungsabschnittes führten die schon erwähnten Arbeiten von Lyell und v. Hoff zu der Erkenntnis, daß die Wandlungen des erdgeschichtlichen Schauplatzes in der Regel allmählich und langsam vor sich gingen.

6. Versteinerungskunde.

Werner vernachlässigte die Versteinerungen, deshalb wurde die Versteinerungskunde im heroischen Zeitalter in Deutschland weniger gepflegt als in den westeuropäischen Ländern. Die grundlegende Erkenntnis vom organischen Ursprung der Versteinerungen war schon im vorhergehenden Zeitalter zur Anerkennung gelangt. Der wichtigste Fortschritt des heroischen Zeitalters auf dem Gebiete der Versteinerungskunde war die schon besprochene Ermittelung der stratigraphischen

Bedeutung der Versteinerungen durch W. Smith. Aus seinen Beobachtungen ergab sich, daß im Laufe der Erdgeschichte ein Wechsel der Faunen und Floren stattgefunden hat; daß jedoch der größte Teil der Versteinerungen von ausgestorbenen Tieren herstammt, diese Erkenntnis war noch nicht Allgemeingut geworden, wenn sie auch vielen Forschern bekannt war und sich aus der herrschenden Katastrophenlehre eigentlich zwangsläufig ergeben mußte. Man kannte freilich viele fossile Formen, die lebend nicht bekannt waren, doch ließ die mangelhafte Durchforschung der entfernten Erdteile und der Meere immer noch die Möglichkeit offen, die fossilen Formen auch noch lebend aufzufinden. Im Zusammenhang mit der herrschenden Katastrophenlehre war ja die Ansicht weit verbreitet, daß durch sintflutartige Ereignisse die Lebewesen aus ihren Wohngebieten in andere Gegenden verschleppt wurden und dort der Versteinerung anheimfielen.

In der Beschreibung einzelner Versteinerungen machte man gute Fortschritte; es erschien eine ganze Reihe von großen Tafelwerken, die z. T. noch jetzt brauchbar sind. Unter den deutschen Forschern ist namentlich E. F. v. Schlotheim (1764—1832) zu nennen, der einzige Schüler Werners, der als Paläontologe Bedeutendes geleistet hat; in seiner Petrefaktenkunde (1820—1823) wird die binomische Nomenklatur zum ersten Male auf deutsche Versteinerungen angewendet.

Unter den ausländischen Paläontologen spielt Cuvier die erste Rolle. Er hat sich namentlich mit den fossilen Säugetieren des Pariser Beckens beschäftigt und hat dabei die Methode der vergleichenden Anatomie in die Versteinerungskunde eingeführt. Von großer Bedeutung für die Auswertung fossiler Wirbeltierreste wurde das von Cuvier aufgestellte Gesetz der Korrelation der Körperteile, welches gestattet, aus unvollständigen Resten auf den Bau des ganzen Körpers zu schließen.

Ebenso bezeichnend für unseren Zeitabschnitt wie die Katastrophenlehre ist die mit dieser im Zusammenhang stehende, ebenfalls von Cuvier vertretene Anschauung von der Unwandelbarkeit der wildlebenden Arten. Beide Theorien haben die Geologie wie auch die biologischen Wissenschaften auf viele Jahrzehnte hinaus beherrscht; nur wenige Forscher, z. B. Lamarck (1744—1829), vertraten schon damals den Entwicklungsgedanken. Erst als v. Hoff und Lyell die Geologie aus den Fesseln der Cuvierschen Kataklysmenlehre befreit hatten, war die Bahn frei für deszendenztheoretische Überlegungen.

III. Die Entwicklung der Geologie in den letzten 100 Jahren.

1. Allgemeiner Überblick.

Werner und seine Zeitgenossen hatten die geologischen Grundbegriffe geklärt und systematisch geordnet; sie hatten damit die Geologie zu einer Wissenschaft gemacht, die auch gelehrt werden konnte. Damals wurden die ersten Lehrbücher der Geologie verfaßt, damals begann die geologische Lehrtätigkeit an den Universitäten, die seitdem besonders in den deutschsprechenden Ländern die wichtigsten Pflegestätten der geologischen Forschung geworden sind. Gleichzeitig wurden die ersten geologischen Gesellschaften gegründet, ferner entwickelten sich die Anfänge der geologischen Landesanstalten.

Die aufblühende Wissenschaft mußte zunächst darauf bedacht sein, ihre Beobachtungsgrundlagen zu vermehren; man widmete sich daher in den folgenden Jahrzehnten in erster Linie der *Einzelforschung*. Die Mannigfaltigkeit der Aufgaben und die stetig wachsende Verfeinerung der Untersuchungsmethoden führten zu einer weitgehenden Arbeitsteilung, es wurde dem einzelnen mehr und mehr unmöglich, das Gesamtgebiet der Geologie gleichmäßig zu übersehen.

Auf rein geologischem Gebiet war so viel Neuland zu bearbeiten, daß man die *Grenzgebiete* zu den anderen Naturwissenschaften vernachlässigte. So überließ man die

Fragen der Weltentstehung den Astronomen und Physikern, die Beschreibung der Oberflächenformen des Festlandes übernahmen die Geographen. Enger blieben die Beziehungen zur Mineralogie, jedoch ist eine gleichmäßige Beherrschung beider „Gesteinswissenschaften" in den letzten 100 Jahren wohl keinem Forscher mehr möglich gewesen.

Nur das Grenzgebiet gegen die Zoologie, die Versteinerungskunde, wurde von den Geologen des 19. Jahrhunderts eifrig gepflegt und als ein wesentlicher Bestandteil der Geologie selbst betrachtet. Gerade dieses Gebiet war im heroischen Zeitalter weniger von Geologen als von Zoologen (z. B. Cuvier) gepflegt worden. Es wurde nun von der Zoologie abgetrennt und zunächst hauptsächlich nach geologischen Gesichtspunkten, also rein beschreibend, weiter entwickelt. Erst in den letzten Jahrzehnten wurde die Fühlung zwischen Versteinerungskunde und Zoologie wieder etwas enger.

Die Pflanzenpaläontologie hat sich etwas anders entwickelt; sie kann auch bei rein beschreibender Behandlung des Stoffes nicht gut ohne eingehende botanische Kenntnisse auskommen und wurde daher stets mehr von Botanikern als von Geologen gepflegt; sie ist aber gerade dadurch in der Entwicklung lange Zeit etwas zurückgeblieben, weil auch die Botaniker wenig Interesse an dem Stoff hatten.

Während des größten Teils des 19. Jahrhunderts war die Geologie ähnlich wie auch die Zoologie und Botanik hauptsächlich eine beschreibende Wissenschaft. Auch jetzt ist die rein beschreibende Forschung noch keineswegs abgetan; denn im Gegensatz zu den biologischen Wissenschaften ist der noch völlig unerforschte Stoff immer noch ganz gewaltig, fast unerschöpflich, selbst in den so eingehend untersuchten westeuropäischen Ländern. Jedoch war gegen Ende des 19. Jahrhunderts schon so viel Beobachtungsstoff angesammelt, daß sich stärker als vorher das Bedürfnis nach vergleichender und zusammenfassender Behandlung geltend machte. Es war dies eine allgemeine Zeitströmung, die besonders gekennzeichnet wird durch das Erscheinen des „Antlitzes der Erde“ (1. Bd.) von Eduard Sueß in den Jahren 1883—1885. Zugleich machte sich auch das Bestreben geltend, die Grenzgebiete zu den anderen Naturwissenschaften wieder mehr zu pflegen; wenn auch die geologischen Einzeluntersuchungen keineswegs ihren Wert verloren haben, so verdanken wir doch die Hauptfortschritte in den letzten Jahrzehnten einerseits der überschauenden Zusammenfassung, andererseits der Anwendung physikalischer, chemischer, geographischer, zoologischer usw. Methoden auf die Probleme der Geologie. Dies bedingte zwar weitgehende Arbeitsteilung, aber das lebhafte Streben nach Zusammenfassung macht es jetzt wieder mehr als in der Mitte des vorigen Jahrhunderts erforderlich, daß der Forscher einen gewissen Überblick über das Gesamtgebiet behält.

2. Kosmische Geologie.

Bis gegen Ende des 18. Jahrhunderts waren Spekulationen über die Entstehung der Erde und des Weltalls eine Hauptaufgabe der Geologen. Nachdem sich jedoch von der spekulativen „Geologie“ die exakt beobachtende „Geognosie“ endgültig abgezweigt hatte, beschäftigten sich die Geologen nur noch selten mit kosmogenetischen Fragen; man überließ diese Fragen den dafür berufeneren Astronomen und Physikern.

Seitdem zu Beginn des 19. Jahrhunderts die Vulkanisten über die Neptunisten gesiegt hatten, gehen die kosmogenetischen Überlegungen der Geologie im allgemeinen von der Kant-Laplaceschen Nebulartheorie aus. Nur die „Neoneptunisten“ unter Führung des Münchener Chemikers und Mineralogen Joh. Nep. Fuchs (1774—1856) vertraten noch einige Zeit abweichende Ansichten, die sich jedoch nicht durchsetzen konnten. Neuerdings hat auch die „Planetesimaltheorie" einige Anhänger.

Die Theorie vom feuerflüssigen Urzustand der Erde wurde von verschiedenen Forschern schon in der Mitte des vorigen Jahrhunderts zu Berechnungen über das Alter der Erde benützt; doch waren die Grundlagen dieser Berechnungen stets unsicher, sie lieferten daher recht verschiedenartige Ergebnisse. Erst zu Beginn des 20. Jahrhunderts entdeckte man eine neue, bis dahin völlig außer acht gelassene Fehlerquelle in der Möglichkeit der Wärmeerzeugung durch radioaktive Stoffe. Man ist daher von derartigen Berechnungen jetzt wieder völlig abgekommen.

Von den außerirdischen Weltkörpern interessierte die Geologen hauptsächlich der Mond mit seinen eigentümlichen vulkanischen und tektonischen Gebilden. Außerdem wurden die Meteoriten von den Mineralogen und Geologen eingehend untersucht. Die vom Himmel gefallenen Steine hatten schon seit Urzeiten die Aufmerksamkeit der Menschen erregt. Ihre außerirdische Herkunft wurde jedoch noch um die Wende des 18. und 19. Jahrhunderts von der Wissenschaft aufs äußerste angezweifelt. Erst die Untersuchungen von Chladni (1756 bis 1827) brachten in dieser Frage einige Klärung und langsam konnten sich dann die richtigen Ansichten durchsetzen. Das Studium der Meteoriten wurde von großer Bedeutung für die Entwicklung unserer Ansichten über die Zusammensetzung des Erdinnern.

3. Physiographische Geologie.

Die physikalische Geographie wurde schon von Werner und seiner Schule, namentlich aber in den ersten Jahrzehnten des 19. Jahrhunderts unter dem Einfluß A. v. Humboldts von vielen Geologen beachtet und gepflegt. Eine zusammenfassende Darstellung, die auch auf geologische Fragen übergreift, besitzen wir u. a. in dem nachgelassenen Werk von Friedr. Hoffmann (1797—1836) gleichzeitig wurde von Berghaus der erste physikalische Atlas veröffentlicht. Neun Jahre später (1845) erschien der erste Band von Humboldts „Kosmos", eine großzügige Darstellung des gesamten damaligen Wissens über physikalische Geographie. Etwa von da an trennten sich die Wege der Geologie und Geographie, um erst in den letzten Jahrzehnten einander wieder näher zu kommen.

Die Untersuchungen über die Gestalt der Erde, die Gradmessungen wurden für die Geologie dadurch bedeutungsvoll, daß man dabei auf die verschiedenartige Verteilung der Schwerkraft aufmerksam wurde. Das älteste Instrument für derartige Untersuchungen ist das Pendel, das schon seit dem Ende des 17. Jahrhunderts für geodätische Zwecke benützt wurde. Noch genauere Ergebnisse liefert die seit dem Ende des 18. Jahrhunderts bekannte, aber erst im 20. Jahrhundert zu brauchbaren Geländeapparaten ausgebaute Drehwage. Mit diesen Instrumenten ermittelte man im Laufe des 19. Jahrhunderts das spezifische Gewicht des ganzen Erdkörpers; dies wurde wichtig für unser Urteil über den Aufbau des Erdinnern. Ferner untersuchte man Intensität und Richtung der Schwerkraft; je eingehender diese Vermessungen wurden, desto größer wurde ihre Bedeutung für die Geologie, namentlich für die Lösung tektonischer Probleme. Die fortschreitende Verfeinerung der Meßmethoden hat ferner dazu geführt, daß man nun Schweremessungen auch zur praktisch-geologischen Prognose verwenden kann.

Der Erdmagnetismus ist eine schon seit langem bekannte Erscheinung; Beziehungen zwischen erdmagnetischen und geotektonischen Linien wurden zuerst von Necker (1830) nachgewiesen; eingehendere Behandlung erfuhren diese Fragen im Jahre 1887 durch E. Naumann auf Grund von Untersuchungen in Japan. In den letzten Jahrzehnten wurde die Verteilung der erdmagnetischen Kraftlinien häufig bei tektonischen Erörterungen herangezogen und auch die Auswertung feinmagnetischer Vermessungen für die Lösung praktisch-geologischer Fragen ist in Aufnahme gekommen.

Auf elektrische Erscheinungen in der Erdrinde wurde man schon zu Anfang des 19. Jahrhunderts aufmerksam. In den ersten Jahrzehnten des 19. Jahrhunderts wollte eine ganze Reihe von Forschern elektrische Ströme für verschiedene Erscheinungen des Vulkanismus und der Gesteinsbildung verantwortlich machen. Dies geschah wohl aus ähnlichen Gründen, wie wir heute geneigt sind, manche schwer erklärbare Erscheinungen mit radioaktiven Vorgängen in Zusammenhang zu bringen. Später, als die elektrischen Erscheinungen den Reiz des Unbekannten verloren hatten, wurden die erdelektrischen Vorgänge von den Geologen nicht mehr viel beachtet. Erst neuerdings ist man wieder auf diese Möglichkeiten zurückgekommen. Ferner benützt man jetzt die verschiedenartige elektrische Leitfähigkeit der Gesteine zur Lösung praktischer Aufgaben.

Die Wärme des Erdinnern war schon im 17. Jahrhundert an der Wärmezunahme in den Tiefen der Bergwerke erkannt worden. Die ersten Versuche zur Berechnung der geothermischen Tiefenstufe machte man in der zweiten Hälfte des 18. Jahrhunderts; genauere Ergebnisse brachten erst die Fortschritte der Bohrtechnik und die Messungen in großen Eisenbahntunnels im 19. Jahrhundert.

Über den Zustand des Erdinnern hatte man nach dem Sieg der Vulkanisten scheinbar gesicherte Anschauungen; man sah in den aufdringenden Lavamassen der Vulkane den Beweis für den feuerflüssigen Zustand des Erdinnern. Über die Dicke der festen Erdrinde hatte man nur Vermutungen, die sich auf die selbst nur unsicher bekannte geothermische Tiefenstufe begründeten. Angezweifelt wurde die Theorie vom feuerflüssigen Zustand des Erdinnern hauptsächlich durch die Physiker, die schon in der Mitte des 19. Jahrhunderts durch Berechnungen zu dem Ergebnis kamen, das Erdinnere müsse größere Starrheit als ein feuerflüssiger Körper besitzen. Die besser begründete Ansicht der Physiker hat schließlich über die Theorie der Geologen den Sieg davon getragen.

Eine wertvolle Bereicherung erhielten unsere Kenntnisse über das Erdinnere durch die um die letzte Jahrhundertwende aufkommende Auswertung der Erdbebenmessung. Man konnte dadurch gewisse Unstetigkeitsflächen im Bau der Erdrinde mehr oder weniger exakt nachweisen. Ferner kann man aus der Fortpflanzung der Erdbebenwellen Schlüsse auf den mechanischen Zustand des Erdinnern ziehen. Die Methoden sind jedoch noch unvollkommen. Ebenso wie die anderen Erscheinungen wurden auch die Erdbebenwellen, bzw. künstliche Erschütterungen der Erdrinde, zu praktisch-geologischen Untersuchungen verwertet; diese geophysikalischen Schürfmethoden haben sich besonders in den Jahren nach dem Weltkrieg sehr rasch entwickelt.

Das Studium der Formen der Erdoberfläche machte in den letzten 100 Jahren eine ähnliche Entwicklung durch wie die Geologie im allgemeinen. Bis in die ersten Jahrzehnte des 19. Jahrhunderts hinein waren Schilderungen üblich, die nicht nur beschrieben, sondern die Landformen auch genetisch zu erklären versuchten. Damals bestand noch keine Trennung zwischen Geologie und physikalischer Geographie. Wegen der mangelhaften geologischen Kenntnisse jener Zeit blieben die Erklärungsversuche dürftig oder phantastisch. Das Bedürfnis nach größerer Genauigkeit führte dann zu

Beginn des 19. Jahrhunderts zunächst zur rein formalen Beschreibung, die auf Erklärung verzichtete. Mit der Verbesserung der Verkehrsverhältnisse begann die intensive Durchforschung der überseeischen Länder, es bot sich eine Überfülle von Stoff. Die Geographie trennte sich von der Geologie und wurde zunächst eine rein beschreibende Wissenschaft.

Erst in der zweiten Hälfte des 19. Jahrhunderts, als auch die Geologie wieder zur zusammenfassenden Betrachtung zurückkehrte, machte sich in der Landschaftskunde ein ähnlicher Umschwung geltend. Große Forscher (z. B. F. v. Richthofen [1833—1905] und Albrecht Penck) schufen eine Systematik der Landformen, die großenteils auf genetischen Gesichtspunkten beruht. Man war also wieder zur erklärenden Landschaftskunde zurückgekehrt. Es ist kein Zufall, daß dieser bedeutungsvolle Schritt in der Entwicklung der Geographie gerade solchen Forschern zu verdanken ist, die von der Geologie aus zur Geographie gekommen waren. Die Fühlung zwischen Geologie und Landschaftskunde war damit wieder aufgenommen.

Systematisch weiter ausgebaut wurde die erklärende Beschreibung der Landformen durch den Amerikaner Davis, der von den großzügigen Landformen Nordamerikas ausging und die Landschaftskunde namentlich durch die schärfere Fassung der Entwicklungsstadien und die Betonung der Bedeutung der Abtragungsflächen förderte. Doch hat Davis zu viel schematisiert, ferner ist sein System dadurch ein Rückschritt, daß es sich mehr mit gedachten Formen als mit Wirklichkeitsformen beschäftigt und auch die geologischen Grundlagen der Landformen zu wenig berücksichtigt. Deshalb hat sich die Geographie nach der Davis-Begeisterung vom Anfang dieses Jahrhunderts wieder auf ihre natürlichen Grundlagen besonnen und die übertrieben schematischen Methoden von Davis aufgegeben oder abgeändert.

Die moderne Landschaftskunde war von der Geologie ausgegangen; ihre Entwicklung hat aber rückwirkend auch die Geologie befruchtet. Morphologische Untersuchungsmethoden sind zu einem wertvollen Hilfsmittel bei der Lösung geologischer, namentlich tektonischer Fragen geworden. Wir stehen erst im Beginn der Ausschöpfung dieser Möglichkeiten, die sich aus der Zusammenarbeit von Geographen und Geologen ergeben.

Bei der Betrachtung der Großformen der Erdrinde haben frühzeitig gewisse Ähnlichkeiten und wirkliche oder scheinbare Gesetzmäßigkeiten der Küstenlinien und des Gebirgsverlaufs spekulative Überlegungen veranlaßt, ohne daß es bisher gelungen wäre, die wirklichen Ursachen dieser Gesetzmäßigkeiten zu ergründen. Schon Baco von Verulam (1561—1626) weist auf die gleichartige Zuspitzung des Südendes der Kontinente hin. Eingehender werden diese und andere geographische Homologien von verschiedenen Forschern um die Wende des 18. und 19. Jahrhunderts behandelt. Es ist dies so ziemlich das einzige geologische Gebiet, das auch von der für die Naturforschung so verhängnisvollen naturphilosophischen Schule der ersten Jahrzehnte des vorigen Jahrhunderts behandelt wurde. Aber auch ernsthafte Naturforscher haben sich mit derartigen Fragen beschäftigt. Die Theorien L. v. Buchs, A. v. Humboldts und E. de Beaumonts über den Parallelismus der Gebirgsrichtungen haben gewisse Beziehungen zu den von Pissis (1844) veröffentlichten Ansichten über die Gliederung der Erdrinde in sphärische Polygone. Unabhängig von Pissis hat Deecke vor einigen Jahren die Festlandsformen nach ähnlichen Gesetzmäßigkeiten durchmustert.

Andere Forscher wollen die Festlandsumrisse auf gesetzmäßige Deformation des ganzen Erdkörpers zurückführen. Derartige Erörterungen waren namentlich in der ersten Hälfte des 19. Jahrhunderts nicht selten, die Ursache der Deformation erblickte man damals in der Erdrotation. 1875 stellte L. Green die sog. „Tetraedertheorie" auf, die zu Anfang des 20. Jahrhunderts namentlich in Amerika weiter ausgebaut wurde, ohne jedoch dadurch ihren spekulativen Charakter zu verlieren.

Einen der großartigsten Versuche zur Erklärung der Umrißformen von Festländern und Meeren machte A. Wegener in einem erstmals 1912 erschienenen und später mehrmals umgearbeiteten und verbesserten Werk. Er fußt namentlich auf der Parallelität der beiden Hauptküstenlinien des Atlantischen Ozeans und folgert daraus gewaltige Verschiebungen der Kontinentalmassen, die noch jetzt andauern sollen. Es ist dies eine der glänzendsten geologischen Theorien der letzten Jahrzehnte; sie vermag verschiedene geologische Probleme besser als irgendeine andere Theorie zu erklären; doch ist der Unterbau von Beobachtungstatsachen bisher noch etwas dürftig, die Theorie ist daher noch stark umstritten. Ähnlich umstritten ist auch die schon seit langem immer wieder vergeblich erörterte Frage der Permanenz der Ozeane und Kontinente, die mit den Problemen von Wegeners Theorie in innigem Zusammenhang steht.

Im großen und ganzen sind in der Betrachtung der Großformen der Erdrinde wenig Fortschritte erzielt worden; es sind im allgemeinen dieselben Erscheinungen, die stets von neuem ohne sichere Lösung erörtert werden. Einen neuen, wirklich fruchtbaren Gedanken hatte dagegen Eduard Sueß, als er im 2. Bande des „Antlitzes der Erde" den grundsätzlichen Gegensatz zwischen atlantischen und pazifischen Küsten hervorhob; Sueß kennzeichnete dadurch eine Erscheinung des Erdbildes, die mit dem geologischen Bau in innigstem Zusammenhang steht und die untrennbare Verkettung von Morphologie und Geologie aufs deutlichste erkennen läßt.

Auch die Meereskunde besitzt erhebliche geologische Bedeutung. Zahlreiche geologische Fragen wären noch unbeantwortet, wenn unsere Kenntnis der Form und Beschaffenheit des Meeresbodens nicht über den Zustand in der Mitte des vorigen Jahrhunderts hinausgekommen wäre. Die größten Meerestiefen, welche A. v. Humboldt bei der Abfassung seines „Kosmos" im Jahre 1843 kannte, waren 2000 m; die Sedimente des tieferen Meeres waren damals fast unbekannt. Weitere Kenntnisse erwarb man erst durch die Tiefsee-Expeditionen in den siebziger Jahren des vorigen Jahrhunderts. Die Durchforschung der Tiefsee hatte wesentliche Bedeutung für die Beurteilung der Versteinerungen; jetzt erst konnte man sicher sein, daß die fossilen Formen auch in den Meerestiefen nicht mehr leben. Ferner wurden manche tektonische Überlegungen durch die Entdeckung der Tiefseegräben weitgehend beeinflußt. Von besonderer Bedeutung wurde aber die Untersuchung der Sedimentbildung am Meeresboden durch die Tiefsee-Expeditionen. Die volle Auswertung der im 19. Jahrhundert gesammelten Erfahrungen erfolgte erst im

20. Jahrhundert und ist noch nicht abgeschlossen. Der durch neuere meereskundliche Forschungen immer weiter verbesserte Einblick in den Haushalt des Meeres gibt dem Geologen wachsenden Aufschluß über die zum Teil noch recht ungeklärten Vorgänge der Sedimentbildung.

4. Gesteinskunde.

a) Entwicklung der Untersuchungsmethoden.

Werners Benennung und Einteilung der Gesteine beruhte auf äußerlichen Merkmalen. Weitere Fortschritte erzielte die Gesteinskunde erst durch die Verwendung des Mikroskops und der chemischen Analyse.

Schon zu Anfang des 19. Jahrhunderts versuchten französische Forscher die mikroskopische Untersuchung von Gesteinspulver; Dünnschliff und Polarisationsapparat waren aber noch unbekannt; dadurch waren diese ersten Versuche zur Erfolglosigkeit verurteilt. Größere Bedeutung für die Geologie hatten die Untersuchungen Ehrenbergs in den dreißiger Jahren; dieser wies nach, daß verschiedene feinkörnige Sedimentgesteine aus zahllosen Schälchen von kleinen Lebewesen bestehen. Auf die Gesteinskunde im allgemeinen hatten jedoch Ehrenbergs Untersuchungen keinen Einfluß, da seine Methoden nur bei weichen Gesteinen anwendbar waren.

Im Jahre 1841 konstruierte Nicol das erste Polarisationsmikroskop und untersuchte Dünnschliffe fossiler Hölzer im durchfallenden Licht. Diese wertvollen technischen Fortschritte wurden jedoch zunächst von den Mineralogen und Geologen kaum beachtet. Dank den Fortschritten der Chemie entwickelte sich aber um die Mitte des 19. Jahrhunderts die Gesteinsanalyse. Vorher hatte man entweder die chemischen Eigenschaften der Gesteine überhaupt nicht beachtet, oder sich auf Einzelreaktionen beschränkt. In den vierziger Jahren wurden die ersten Bauschanalysen von Gesteinen angefertigt. Einen großen Aufschwung nahm die chemische Gesteinsuntersuchung im folgenden Jahrzehnt unter der Führung von G. Bischof (1792—1870) und R. Bunsen (1811 bis 1899). Die systematische chemische Untersuchung der Gesteine eröffnete so viele neue Gesichtspunkte, daß das Interesse der Petrographen dadurch für einige Zeit vollkommen gefesselt wurde; deshalb wurden die in derselben Zeit sich langsam entwickelnden mikroskopischen Untersuchungsmethoden zunächst von der Allgemeinheit ganz übersehen.

Die chemischen Untersuchungen erstreckten sich in erster Linie auf Eruptivgesteine. Vorher hatte man den verschiedenen Gesteinsgruppen gleichmäßig Beachtung geschenkt; bei den Untersuchungen Ehrenbergs spielten die Sedimentgesteine sogar die Hauptrolle. Von nun an aber, bis in die neueste Zeit hinein, beschränkt sich das Interesse der Petrographen fast ausschließlich auf die Eruptivgesteine und die kristallinen Schiefer; die Sedimentgesteine werden vernachlässigt. Erst nachdem die wichtigsten Probleme der Eruptivgesteine einigermaßen gelöst waren, wendete man im 20. Jahrhundert auch den Sedimentgesteinen wieder größere Aufmerksamkeit zu.

In den sechziger Jahren veröffentlichte J. Roth seine Analysentabellen. Damit war ein vorläufiger Abschluß erreicht; die chemischen Analysen blieben zwar weiter ein wichtiges Hilfsmittel der Gesteinsforschung, bedeutende Fortschritte waren aber mit ihrer Hilfe zunächst nicht mehr zu erzielen, die Chemie mußte ihre Führerrolle für die nächsten vier Jahrzehnte an die Mikroskopie abtreten.

Die Anfänge der mikroskopischen Technik wurden schon geschildert. Sie gaben in den fünfziger Jahren dem Engländer H. C. Sorby die Grundlagen zu mikroskopischen Gesteinsuntersuchungen an Dünnschliffen, die sich bemerkenswerterweise zunächst ausschließlich auf Sedimentgesteine erstreckten. Auch einige deutsche Forscher machten gleichzeitig ähnliche Versuche. Aber alles blieb unbeachtet, bis Sorby (1858) seine Methode auch auf kristallinische Gesteine anwandte und

Websky diese Methode unter Anwendung polarisierten Lichts nach der kristalloptischen Seite ausbaute. Der deutsche Forscher Zirkel (1838—1912) hatte Sorbys Methode in England kennengelernt; seinen zielbewußten Untersuchungen ist es in erster Linie zu verdanken, daß im Laufe der sechziger Jahre die Gesteinsforschung sich vollständig auf die mikroskopische Methode umstellte und mit ihr im Laufe der nächsten Jahrzehnte die größten Fortschritte erzielte.

Die Führung in dieser mikroskopischen Periode der Petrographie hatten unstreitig die deutschen Forscher F. Zirkel und H. Rosenbusch. Die Auswertung der Dünnschliffbilder litt anfangs unter der mangelhaften Kenntnis der optischen Eigenschaften der Mineralien, die in der vormikroskopischen Periode nur wenig Beachtung gefunden hatten. Bedeutende Fortschritte auf kristalloptischem Gebiet verdankt die Wissenschaft in der zweiten Hälfte des 19. Jahrhunderts auch einigen französischen Forschern (Descloiseaux, Michel-Lévy); besonders wertvoll wurden aber die Ergebnisse von M. Schuster, dem es 1879 gelang, die petrographisch so wichtigen verschiedenen Arten des Plagioklases optisch auseinanderzuhalten.

In den achtziger Jahren des 19. Jahrhunderts begann man die chemischen Methoden auch auf die mikroskopischen Bestandteile der Gesteine zu übertragen und widmete sich daher der Ausarbeitung mikrochemischer Untersuchungsmethoden, die jedoch niemals dieselbe Bedeutung erlangten wie die optischen Untersuchungen. Ebenso behielten die schon früher entwickelten und dauernd verbesserten mechanischen Trennungsmethoden stets den Rang eines Untersuchungsmittels von minderer Wichtigkeit.

Durch die geschilderte Vervollkommnung der chemischen und mikroskopisch-optischen Untersuchungsmethoden war gegen Ende des 19. Jahrhunderts das angesammelte Beobachtungsmaterial so reichlich geworden, daß weitere Untersuchungen nur noch in seltenen Fällen etwas grundsätzlich Neues erreichen konnten. Jetzt mußte die Beschreibung durch die Erklärung und Zusammenfassung ergänzt werden; die Petrographie wird durch die „Petrologie“ ersetzt. Dadurch werden die Beziehungen zur Geologie wieder enger. Gleichzeitig geht man dazu über, die Probleme der Gesteine nach den Grundsätzen der physikalischen Chemie zu erfassen. Die chemische Analyse rückt damit wieder mehr in den Vordergrund; sie ist jedoch jetzt nur noch Mittel zum Zweck, die Gesteinsforschung ist zur Magmaforschung geworden, die „Gesteinshistologie“ ist nur noch Hilfswissenschaft der „Gesteinsphysiologie“. Aber die „physiologischen“ Vorgänge der Eruptivgesteinsbildung sind der experimentellen Forschung nur schwer zugänglich; so kann man von eigentlich neuen Methoden der Gesteinsuntersuchung nicht sprechen. Die Gesteinsforschung stützt sich noch auf die im vorigen Jahrhundert entwickelten Methoden, ihre jetzigen Ziele sind aber nicht mehr allein auf empirischem Wege zu erreichen, sie erfordern rein theoretische Überlegungen; dies ist eine wohl notwendige, aber nicht ganz gefahrlose Entwicklung.

b) Die Entwicklung der petrographischen Systematik.

Das Steinreich besteht nicht in demselben Sinne wie die organische Welt aus Einzelindividuen und Stammreihen; eine natürliche Einreihung der verschiedenen Gesteinsarten ist daher viel schwieriger als eine entsprechende Einteilung des Tier- und Pflanzenreichs. Die Einteilung der Gesteine war und ist daher immer mehr oder weniger willkürlich geblieben, sie mußte sich ändern, sobald mit den Untersuchungsmethoden die herrschenden Gesichtspunkte der Gesteinsforschung wechselten. Wir können daher im großen und ganzen fünf Entwicklungsabschnitte der Systematik unterscheiden.

Die älteste Form eines Systems der Gesteine hat Werner geschaffen. Die Untersuchungsmethoden waren primitiv; chemische Gesichtspunkte mußten für die Einteilung wegfallen, da man über die chemische Beschaffenheit der Gesteine nur unvollkommen unterrichtet war. Genetische Gesichtspunkte konnten für den Neptunisten Werner auch keine große Rolle spielen. So blieben als Einteilungsprinzip eigentlich nur die Lagerungsverhältnisse; daraus ergibt sich die sonderbare Verquickung von Stratigraphie und Petrographie, welche die Eigentümlichkeit von Werners System ist.

Die erweiterten stratigraphischen Kenntnisse und die veränderten Anschauungen über Gesteinsbildung (Sieg der Vulkanisten) ermöglichten schon in den ersten Jahrzehnten des 19. Jahrhunderts einen großen Fortschritt. Man trennte die beiden Begriffe Formation und Gestein, man trennte damit die Stratigraphie von der Petrographie. Die bedeutendsten Vertreter dieser Richtung sind K. C. von Leonhard (1789 bis 1862) in Deutschland und Alexander Brongniart (1770 bis 1847) in Frankreich. Man gruppierte die Gesteine nach der makroskopisch erkennbaren Struktur und dem Mineralbestand. Aber man entfernte sich dabei von der geologischen Beobachtung; namentlich die französische Schule entwickelte sich zu einer ausgesprochenen „Museumspetrographie".

Ein weiterer Fehler dieser Zeit ist der Mangel an Logik bei der Schaffung von systematischen Unterabteilungen. So gliedert Leonhard die Gesteine in gleichartige, ungleichartige, Trümmergesteine und lose Gesteine, er kennzeichnet also die beiden ersten Gruppen nach der mineralogischen Zusammensetzung, die dritte nach der Struktur und Entstehungsweise, die vierte nach der mechanischen Beschaffenheit; man empfand zwar schon damals diese Art von Systematik als unbefriedigend, daraus ergaben sich zahlreiche tastende Versuche zur Verbesserung der Einteilung; aber es gelang niemanden, eine grundlegende Besserung zu erzielen, da man über die wahre Beschaffenheit der meisten Gesteine noch völlig im unklaren war. Übrigens krankt namentlich die Systematik der Sedimentgesteine noch heutzutage an ganz ähnlichen Fehlern der Inkonsequenz.

In den fünfziger Jahren, kurz bevor die neuen Untersuchungsmethoden aufkamen, faßt C. Fr. Naumann (1797 bis

1873) die gesamte Gesteinskunde in seinem Lehrbuch zusammen. Sein System nimmt etwas mehr Rücksicht auf genetische Gesichtspunkte. Aber die mangelhaften Kenntnisse jener Zeit machen sich vor allem bei der Unterteilung der Silikatgesteine geltend; es scheint uns heute ganz unglaublich, daß man Granit und Syenit in einer einzigen „Familie" zusammenfaßt, wenn man Diabas, Melaphyr und Basalt als drei getrennte Familien behandelt. Auch eine besondere „Familie der Lava" entspricht nicht mehr unseren heutigen Anschauungen.

Recht modern mutet uns demgegenüber das System B. v. Cottas (1808—1879) an, der in der 1862 erschienenen 2. Auflage seiner „Gesteinslehre" die Gesteine ganz folgerichtig in Eruptivgesteine, metamorphe Gesteine und Sedimente einteilt; auch die Untergliederung der Eruptivgesteine nach dem Kieselsäuregehalt in basische und saure und die weitere Unterteilung in vulkanische und plutonische Gesteine entspricht durchaus unseren Anschauungen. Diese Systematik Cottas ist schon wesentlich beeinflußt durch die chemischen Gesteinsuntersuchungen jener Zeit. Jedoch ist Cotta frei von dem nachteiligen Einfluß, der sich aus einer übertriebenen Betonung der chemischen Gesichtspunkte ergab.

Die chemische Periode der Gesteinskunde bedingt den dritten Abschnitt in der Entwicklung der Gesteinssystematik; man gliederte die Gesteine hauptsächlich nach der mineralogischen Zusammensetzung, die sich ja unmittelbar aus der chemischen Beschaffenheit ergibt. Namentlich werden die Feldspäte als Einteilungsgrundlagen benützt. Der bedeutendste Vertreter dieser Richtung in Deutschland ist J. Roth (1861). Unabhängig von der mineralogischen Beschaffenheit und fast nur auf chemischer Grundlage aufgebaut ist das System von Th. Scheerer (1864). Ein gemeinsames Merkmal dieser chemischen Systeme ist es, daß die genetischen Verhältnisse kaum berücksichtigt werden; Eruptiva und kristalline Schiefer, die

Cotta bereits auseinanderhält, werden wieder zusammengeworfen. Entsprechend der ganzen Arbeitsrichtung der chemischen Periode werden die Sedimentgesteine kaum beachtet.

Die Einführung des Mikroskops in die Gesteinsforschung beeinflußte auch die Systematik. Gleichzeitig siegten die modernen Anschauungen über die Entstehung kristalliner Schiefer, die Dreiteilung Cottas wird daher jetzt zur Regel. Aber man betonte zunächst die neuen mikroskopischen Gesichtspunkte zu stark und kam dadurch zu einer rein äußerlichen, unnatürlichen Einteilung. In Zirkels Lehrbüchern von 1866 und 1873 und in der 1. Auflage von Rosenbuschs Physiographie sind die geologischen, genetischen Gesichtspunkte bei der Einteilung der Eruptivgesteine fast ganz außer acht gelassen.

Eine stärkere Berücksichtigung fanden die genetischen Gesichtspunkte in dem System der französischen Forscher Fouqué und Michel-Lévy (1879); in Deutschland betonte Lossen (1883) die Notwendigkeit, bei der Einteilung der Gesteine nicht nur die mineralogischen, sondern auch die geologischen Verhältnisse ihres Vorkommens in Betracht zu ziehen. Diesen Einflüssen ist es wohl zuzuschreiben, daß Rosenbusch in der 2. Auflage seines noch jetzt grundlegenden Werkes (1887) ein neues, natürliches System der Eruptivgesteine schuf, welches zu den älteren Systemen in einem ähnlichen Gegensatz steht wie etwa Jussieus System der Pflanzenwelt zu Linnés künstlicher Einteilung. Rosenbusch gliedert die Eruptiva in Tiefen-, Erguß- und Ganggesteine. Damit war eine grundsätzliche Klärung bezüglich des Einteilungsprinzips zustande gekommen; man hatte gelernt, daß eine natürliche Gliederung der Eruptivgesteine nicht eindimensional sein darf, sondern daß sie sowohl die genetisch-strukturellen als auch die chemisch-mineralogischen Eigenheiten berücksichtigen muß, daß sie also mindestens zweidimensional sein muß. Das Prinzip der zweidimensionalen Einteilung hatte allerdings vor Rosenbusch bereits Cotta angewandt, aber in einer Zeit, als der Stand der Untersuchungsmethoden noch keinen vollen Erfolg gestattete.

Die Sedimentgesteine wurden in dieser Periode bei systematischen Überlegungen ebensowenig beachtet wie bei mikroskopischen Untersuchungen. Etwas mehr Berücksichtigung fanden die kristallinen Schiefer, namentlich im letzten Jahrzehnt des vorigen Jahrhunderts. Nur das in den Jahren 1893—94 erschienene dreibändige Lehrbuch der Petrographie von Zirkel (2. Auflage) berücksichtigt alle Gesteinsarten.

Eine neue, noch nicht abgeschlossene Entwicklung setzte um die Jahrhundertwende ein, als man von der Gesteinsbeschreibung zur Magmaforschung überging. Man sucht die Eigenarten der verschiedenen Gesteine und ihre gegenseitigen Beziehungen mit Hilfe von chemischen Verhältniszahlen oder mittelst graphischer Darstellungen zu ermitteln. Untersuchungen über die räumliche Vereinigung gewisser Gesteine gab Anlaß zur Aufstellung von Magmaprovinzen und Magmafamilien. Das zweidimensionale System reicht nun nicht mehr aus; man unterscheidet verschiedene „Reihen" (Natrongesteine, Kaligesteine usw.), die in sich fast dieselbe Mannigfaltigkeit aufweisen, wie sie früher im zweidimensionalen System zum Ausdruck kam; man ist also zum dreidimensionalen System übergegangen.

Auch die kristallinen Schiefer finden im neuen Zeitabschnitt größere Beachtung; sie hatten lange Zeit jeder vernünftigen Systematik erfolgreich getrotzt; moderne Anschauungen über ihre Entstehungsweise (s. u.) und die Anwendung physikalisch-chemischer Gesichtspunkte gestatten nun eine Gliederung, die in erster Linie auf den verschiedenen Tiefenzonen der Schieferbildung beruht.

Die Gliederung der Sedimentgesteine ist scheinbar eine sehr leichte Aufgabe, die lange Zeit vernachlässigt blieb. Im allgemeinen pflegt man die Sedimente nach chemisch-mineralogischen Gesichtspunkten zu gliedern, wie dies schon zu Naumanns Zeiten üblich war; diese Gliederung ist jedoch ebenso unnatürlich wie die ehemalige

Gliederung der Eruptivgesteine. Man hat öfters versucht, die Sedimente nach genetischen Gesichtspunkten zu gliedern; in dieser Hinsicht sind namentlich die Untersuchungen von Joh. Walther über die Faziesbezirke und ihre verschiedenen Sedimentarten bemerkenswert. Diese Forschungsrichtung ist für die Lösung erdgeschichtlicher Probleme von großer Bedeutung; man hat mit ihrer Hilfe in den letzten Jahrzehnten gute Erfolge erzielt, doch ist man noch lange nicht zum Abschluß gelangt. Die Petrographie der Sedimente steht noch mitten im untersuchenden und beschreibenden Stadium; erst wenn dies überwunden ist, wird eine natürliche systematische Anordnung möglich sein.

c) Anschauungen über Gesteinsbildung.

Nachdem zu Anfang der dreißiger Jahre des vorigen Jahrhunderts durch die Arbeiten v. Hoffs und Lyells das Aktualitätsprinzip über die Katastrophenlehre gesiegt hatte, bot die Entstehungsweise der Sedimente wenigstens dem oberflächlichen Beschauer keine Probleme mehr dar. Einen bemerkenswerten Fortschritt brachten nur Ehrenbergs schon oben erwähnte mikrogeologische Untersuchungen. Im übrigen haben die allgemeinen Anschauungen über Sedimentbildung im 19. Jahrhundert keine großen Veränderungen erfahren. Gewisse Anregung brachten die Fortschritte der modernen Meeresforschung und die mit diesen im Zusammenhang stehenden Studien über rezente Sedimentbildung, sowie die oben erwähnten Faziesstudien.

Erst gegen Ende des 19. Jahrhunderts begann man, physikalisch-chemische Methoden auch auf die Fragen der Sedimentbildung anzuwenden. Die Salzgesteine waren in dieser Hinsicht am leichtesten zugänglich. Von großer Bedeutung für die Sedimentbildung sind ferner die modernen, ebenfalls mit physikalisch-chemischen Methoden arbeitenden Untersuchungen über Verwitterungserscheinungen und Bodenbildung. Viel erörtert wurde außerdem die Frage der Bildungsweise von Kalk, Dolomit und Oolithgesteinen. Doch sind dies durchweg nur Einzelfragen, im großen und ganzen ist die Frage der Sedimentbildung schon seit Werners Zeiten gelöst, es konnten darüber keine großen Meinungsverschiedenheiten aufkommen.

Daß die Eruptivgesteine Erstarrungsprodukte glutflüssiger Massen seien, schien vor 100 Jahren, nach dem Siege der

Vulkanisten über die Neptunisten, zunächst zweifelsfrei festzustehen. Nur einige Chemiker (Joh. Nep. Fuchs [1774 bis 1856] und Th. Scheerer [1847]) leugnen die rein pyrogene Bildung der Eruptivgesteine; sie betonten, daß die Ausscheidungsfolge der Mineralien in den Eruptivgesteinen nicht mit der verschiedenen Höhe des Schmelzpunktes dieser Mineralien übereinstimme. Diese „Neoneptunisten" nahmen im Gegensatz zu den älteren Neptunisten an, daß ursprünglich amorphe Erstarrungsprodukte von Schmelzflüssen erst nachträglich, infolge von Durchtränkung mit Wasser, kristallin geworden seien.

Um die Schwierigkeiten der Ausscheidungsfolge zu erklären, stellten einige französische Forscher (bes. Fournet) die Theorie der „Surfusion", d. h. des Erstarrungsverzugs, auf; diese Theorie erinnert an gewisse Anschauungen der modernen physikalischen Chemie, sie war aber damals noch nicht exakt zu begründen, man hatte mehr Ahnungen als Beweise.

Aus dem Widerstreit der Meinungen entwickelte sich in den vierziger Jahren eine neue, vermittelnde Ansicht; man kam zurück auf Theorien, die schon in den zwanziger Jahren von verschiedenen Forschern (Breislak, Poulett-Scrope u. a.) aufgestellt worden waren, die den magmatischen Gasen und Dämpfen eine bedeutende Rolle bei der Mineralbildung zuschrieben. Man kam also zur Theorie von der hydato-pyrogenen Entstehungsweise der Eruptiva, besonders des Granits.

In der chemischen Periode der Gesteinskunde vertrat Bischof wieder extrem-neptunistische Ansichten. Er entwickelte sie erst allmählich im Laufe der Abfassung der 1. Auflage seines „Lehrbuchs der physikalischen und chemischen Geologie"; im 1. Bande (1848) hält er die wässerige Entstehungsweise der Feldspäte noch nicht für erwiesen, während er im 2. Bande (1851) die inzwischen aufgefundenen Feldspatkristalle in Drusenhohlräumen als sicheren Beweis für die wässerige Entstehungsweise dieses Minerals ansieht. Bischof hat ähnliche Ansichten wie die älteren Neoneptunisten; er rechnet mit weitgehender Materialzufuhr und läßt sogar Umwandlung von Kalkstein in Granit zu.

Die Theorien Bischofs fanden in den sechziger Jahren noch einige Anhänger, doch verteidigten Cotta u. a. erfolgreich die Theorie von der hydato-pyrogenen Entstehungsweise, und dieser Anschauung fiel schließlich der Sieg zu. Nicht geringen Anteil hatten dabei die mikroskopischen Untersuchungen; sie hatten eine feste Grundlage geschaffen, welche gestattete, aus der Struktur die Entstehungsgeschichte eines Eruptivgesteins herauszulesen. Experimentelle Untersuchungen über Mineralbildung lieferten weitere Beweise, und so galt von dieser Zeit an die magmatische Entstehungsweise der Massengesteine als eine gesicherte Plattform geologischer Forschung. Nur gewisse Theorien über die Tiefenumwandlung mancher Eruptivgesteine (Serpentinbildung usw.) erinnern noch etwas an neoneptunistische Anschauungen.

Nachdem die Frage der magmatischen Entstehungsweise gelöst war, mußte die Beschaffenheit des Magmas selbst größeres Interesse erwecken. Die Anfänge der modernen Magmaforschung gehen auf die chemische Periode der Gesteinskunde in der Mitte des vorigen Jahrhunderts zurück. Bunsen unterschied zwei Stammagmen, das normal-trachytische und das normal-pyroxenische, durch deren Vermischung die verschiedenen Gesteinsarten entstanden sein sollen. Mehr Anklang fand auf die Dauer die entgegengesetzte Theorie, welche die Mannigfaltigkeit der Eruptivgesteine durch Aufspaltung (Differentiation) der Urmagmen erklären will. Derartige Theorien wurden schon in der Mitte des vorigen Jahrhunderts von mehreren Forschern aufgestellt; schon damals vermutete man eine Sonderung der Bestandteile des Urmagmas nach dem spezifischen Gewicht. Eine besondere Ausgestaltung dieser Aufspaltungstheorien ist Rosenbuschs Kerntheorie; als „Kern" bezeichnet Rosenbusch endgültig aufgespaltene Magmen. Eine Stütze fanden derartige Theorien in der immer häufiger werdenden Feststellung von gesetzmäßigen Eruptionsfolgen. Die Probleme der Differentiation beschäftigen die Petrographie noch jetzt in hohem Maße.

Noch schwieriger als bei Sedimenten und Eruptivgesteinen war die Frage nach der Entstehungsweise bei den kristallinen Schiefern zu lösen, da man die Entstehung derartiger Gesteine nirgends unmittelbar beobachten kann. Die besondere Stellung dieser Gesteine war seit langem erkannt worden, wenn dies auch in den oben besprochenen Systemen nicht immer klar zum Ausdruck kam. Schon im 18. Jahrhundert sah man in den kristallinen Schiefern entweder:

1. Ausscheidungen aus warmen, wässerigen Lösungen in weit zurückliegenden Abschnitten der Erdgeschichte; oder
2. Teile der ursprünglichen Erstarrungskruste der Erde; oder
3. Umwandlungsprodukte von Sediment- oder Eruptivgesteinen.

Niemand konnte entscheiden, welche dieser Theorien richtig ist. Auch die jetzt herrschenden Anschauungen (3) waren damals schon vertreten, freilich in etwas verschwommener Form. Mehr Anhänger hatten aber die jetzt überwundenen Anschauungen 1 und 2; dies kommt auch in den Gesteinssystemen jener Zeit zum Ausdruck; denn wenn man die kristallinen Schiefer als Absätze wässeriger Lösungen oder als Teile der Erstarrungskruste betrachtet, so nehmen sie keine grundsätzliche Sonderstellung gegenüber Sedimenten oder Eruptivgesteinen ein.

Die Anschauung 1 wird namentlich von den Neptunisten vertreten; sie fällt mit der Niederlage des Neptunismus. Länger konnte sich die Anschauung 2 erhalten, zu der sich noch im Jahre 1890 J. Roth bekannte. Eine vermittelnde Stellung zwischen Anschauung 2 und 3 nahmen schon zu Anfang des 19. Jahrhunderts Breislak, Poulett-Scrope und Fournet ein; sie betrachteten die kristallinen Schiefer als nachträglich umgewandelte Teile der Erstarrungskruste. Sehr eigentümlich und einzigartig sind die Anschauungen von Dana (1843), welcher den Gneis für einen in heißem Wasser abgesetzten Granittuff hielt.

Die Anschauung 3 war in unvollkommener Form schon im 18. Jahrhundert von Hutton ausgesprochen worden. Umwandlung durch wässerige Lösungen ohne Druck- und Temperaturerhöhung vermutete Keilhau (1823) und etwas später Bischof. Unseren modernen Ansichten nahestehend sind die Theorien von Ami Boué (1822); er übernimmt von Hutton die Umwandlung von Sedimentgesteinen durch Druck und Hitze, schreibt aber dabei der Einwirkung von Gasen und Dämpfen eine entscheidende Rolle zu. Ähnlich urteilt auch Lyell (1833); er sieht die Veranlassung zur Umwandlung in der Überlagerung durch mächtige jüngere Sedimentmassen und wird damit der Schöpfer des Begriffs „Regionalmetamorphose"; dieser Name wurde aber erst später durch Daubrée geprägt.

Lyells Ideen bürgerten sich rasch ein und wurden bald weiter ausgebaut. E. de Beaumont erörtert als erster den Unterschied zwischen Regionalmetamorphose und Kontaktmetamorphose. Andere französische Forscher machen Beobachtungen über Injektionsgesteine. Lossen leitet 1867 aus Beobachtungen im Taunus die Erscheinungen der Dynamometamorphose ab. Lehmann und Rosenbusch betonen, daß auch Eruptiva metamorphosiert werden können.

Im ganzen entbehren die Anschauungen über die Bildung kristalliner Schiefer häufig der vollen Klarheit und sind sogar bei ein und demselben Forscher starken Wechseln unterworfen. Um die Jahrhundertwende werden die meisten kristallinen Schiefer auf Regional- und Dynamometamorphose zurückgeführt; die weniger häufigen Kontaktgesteine hat man von den anderen kristallinen Schiefern zu trennen gelernt. Seit dem letzten Jahrzehnt des 19. Jahrhunderts sucht man die verschiedenen Anschauungen über die Entstehungsweise der kristallinen Schiefer auch durch mikroskopische Untersuchung zu stützen. In den letzten Jahrzehnten hat man ferner physikalisch-chemische Methoden zur Beurteilung der kristallinen Schiefer herangezogen; die Arbeiten von van Hise, Becke und Grubenmann haben gelehrt, daß man in den kristallinen Schiefern Produkte verschiedener Tiefenstufen vor sich hat. Während lange Zeit Druck und Hitze als die Hauptfaktoren der Schieferbildung betrachtet wurden, betont man in den letzten Jahren wieder etwas mehr den Einfluß von Injektions- und Durchgasungsvorgängen.

Überblickt man die Gesamtheit der Entwicklung der Gesteinskunde in den letzten 100 Jahren, so ergibt sich, daß ein wichtiger Nebenzweig der Geologie sich allmählich zu einer selbständigen Wissenschaft entwickelt hat, die ein mannigfaltiges Arbeitsgebiet besitzt und eine Zwischenstellung zwischen Geologie und Mineralogie einnimmt. In ihrer geschichtlichen Entwicklung pendelte die Gesteinskunde stets zwischen Geologie, Mineralogie und Chemie hin und her; wirkliche Fortschritte wurden in der Regel nur an den Wendepunkten dieser Pendelbewegung erzielt.

5. Erzlagerstättenlehre.

Die Lagerstätten der Erze haben in der Wissenschaft stets eine Sonderstellung eingenommen wegen ihrer großen wirtschaftlichen Bedeutung und weil namentlich die gangförmigen Erzlagerstätten auch in geologischer Hinsicht eigenartige Gebilde sind. Die Erzlagerstättenkunde wird daher schon seit langem als ein besonderer Wissenszweig betrachtet, obwohl sie rein theoretisch genommen eine Unterabteilung der Gesteinskunde und der allgemeinen Geologie ist.

a) Entwicklung der Untersuchungsmethoden.

Die praktische Erzlagerstättenkunde ist der älteste Zweig der Geologie; sie geht wohl bis in prähistorische Zeiten zurück. Die Bergleute waren von jeher gezwungen, ihre Lagerstätten eingehend zu untersuchen. Auch die chemischen Eigenschaften der Erze waren durch die Alchimisten und durch die hüttenmännische Verarbeitung schon frühzeitig bekannt geworden. So hatte das 19. Jahrhundert hier nicht mehr soviel zu leisten wie auf anderen Gebieten. Es erzielte Fortschritte durch kritischen Vergleich, durch das Studium der Mineral-Paragenesis und der regionalen Verbreitung der verschiedenen Lagerstätten. Ferner hatte die Klärung der allgemeinen geologischen Anschauungen wesentlichen Einfluß auf die Erzlagerstättenkunde.

Das Mikroskop wurde im letzten Jahrhundert nur sehr wenig zur Untersuchung von Erzlagerstätten verwandt, da die undurchsichtigen Erze für die Dünnschliffmethode unbrauchbar sind. Erst auf dem Umweg über die Metallographie verschaffte sich das Mikroskop Eingang in die Lagerstättenkunde. Die Untersuchung polierter Anschliffe im auffallenden Licht wird erst seit etwa 15 Jahren häufiger auf undurchsichtige Erze angewandt. Zuerst wurde diese Untersuchungsweise in Nordamerika methodisch entwickelt; nach dem Kriege wurde die Methode, namentlich durch Schneiderhöhn, auch in Deutschland eingeführt. Der theoretischen Lagerstättenkunde wurden damit neue Wege erschlossen; denn die Fortschritte der physikalisch-chemischen Forschung bieten die Möglichkeit, manche Fragen der Lagerstättenbildung auf exakte Weise zu beantworten, wenn das Kleingefüge der Erze bekannt ist. Wir stehen hier im Anfang eines neuen, aussichtsreichen Entwicklungsabschnittes.

b) Entwicklung der Systematik.

Für den praktischen Bergmann ist die äußere Form und der Inhalt der Lagerstätte besonders wichtig, er gliedert daher mit Vorliebe nach diesen leicht feststellbaren Prinzipien. Die Geologen interessiert mehr die Entstehungsweise; sie versuchten daher immer wieder, die Erzlagerstätten genetisch zu gliedern. Schon Werner hat dieses Prinzip auf die gangförmigen Lagerstätten angewandt. Er unterschied die gleichzeitig mit dem Nebengestein entstandenen und die später als das Nebengestein entstandenen Gänge.

Die Unsicherheit der genetischen Beurteilung der Erzlagerstätten veranlaßte aber später doch manchen Forscher, die Einteilung wieder auf äußerliche Merkmale zu begründen (z. B. Cotta 1859, Köhler 1884). Bei anderen Forschern (z. B. v. Groddeck 1879) finden wir ähnlich unlogische Einteilungsgrundlagen, wie wir sie schon in den petrographischen Systemen kennengelernt haben.

Auf Werners Prinzip griff im letzten Viertel des 19. Jahrhunderts Stelzner zurück, er unterschied syn- und epigenetische Erzlagerstätten. In ähnlicher Weise sind alle übrigen neueren Systeme aufgebaut. Einen neuen Gesichtspunkt hat W. Lindgren in das System gebracht, er gliedert nach Tiefenstufen und hat damit der modernen physikalisch-chemischen Betrachtungsweise auch im System Ausdruck verliehen. Ein ideales, ganz einwandfreies System der Erzlagerstätten wurde jedoch bisher noch nicht gefunden.

c) Anschauungen über die Entstehungsweise der Erzlagerstätten.

Erörterungen über die Entstehungsweise der Erzlagerstätten sind sehr alt. Aus dem 18. Jahrhundert ist uns eine ganze Reihe von Theorien überliefert; manche derselben stehen unseren heutigen Anschauungen recht nahe, andere erscheinen uns jetzt äußerst seltsam und unnatürlich. So schreiben viele Bergleute jener Zeit den „Gärungsprozessen" eine wichtige Rolle bei der Entstehung der Erzgänge zu. Den Vergleichspunkt bot dabei das Aufschäumen gärender Massen, man nahm also an, daß die Erzmassen von unten gekommen seien. Die ungeklärten chemischen Anschauungen lassen auch die Vermutung zu, daß Pflanzen und Tiere bei der Metallbildung mitwirkten. Neubildung von Elementen wird ebenfalls für möglich gehalten.

Neben derartigen phantastischen Ansichten finden wir gegen Ende des 18. Jahrhunderts schon dieselben Theorien, die noch jetzt bestehen; die letzten 100 Jahre haben kaum etwas grundsätzlich Neues gebracht. Die wichtigsten Theorien sind:

1. die Kongenerationstheorie,
2. die Lateralsekretionstheorie,
3. die Deszensionstheorie,
4. die Aszensionstheorie mit ihren Abarten.

Diese Theorien beziehen sich hauptsächlich auf die Erzgänge, die ja bis in die neueste Zeit hinein das Interesse der Theoretiker in größerem Maße erregt haben als die anders gestalteten Erzlagerstätten.

Die genannten Grundtheorien genossen nicht alle jederzeit gleiches Ansehen. In engem Zusammenhang mit dem Wechsel der sonstigen geologischen Ansichten hatten stets gewisse Theorien eine Zeitlang das Übergewicht. Einseitige Theorien konnten sich aber in der Regel nur kurze Zeit behaupten; die zeitweilig abgelehnten Theorien wurden bald in einem neuen Gewande wieder aufgenommen. So erklärt es Cotta (1859) als ganz selbstverständlich, daß die Kongenerationstheorie im 19. Jahrhundert keine Vertreter mehr hat. Dennoch ist diese Theorie neuerdings wieder aufgelebt in den modernen Anschauungen über Erzbildung durch magmatische Differentiation. Ebenso schreibt Beck noch im Jahre 1900 der magmatischen Injektionstheorie (Abart von 4) nur historisches Interesse zu; bald darauf erwuchsen dieser Theorie in Weinschenk und J. E. Spurr neue Verteidiger.

Die Deszensionstheorie fand ihren Hauptvertreter in Werner; er betrachtete die Erze wie alle anderen Gesteine als neptunische Bildungen; in den Erzgängen sah er von obenher gefüllte Spalten.

Nach dem Sieg der Vulkanisten wird die Aszensionstheorie allgemein herrschend, und zwar glaubte man zunächst an Erzbildung durch magmatische Injektion. Fournet hat noch 1846/47 diese Theorie eifrig verteidigt; daß die Injektionstheorie im 20. Jahrhundert wieder auflebte, wurde schon erwähnt.

Im zweiten Drittel des 19. Jahrhunderts vermutete man die Ursachen der Erzbildung mehr in den Erscheinungen der thermalen Infiltration und der vulkanischen Sublimation; der erste, welcher diese Theorie in wissenschaftlicher Weise entwickelte, war Elie de Beaumont. Auch in Deutschland hatte diese Theorie stets zahlreiche Anhänger.

Neben dieser Ansicht, die noch jetzt ihre Gültigkeit bewahrt hat, entwickelte sich in der zweiten Hälfte des 19. Jahrhunderts die Lateralsekretionstheorie, die Beziehungen zum „Neoneptunismus" besitzt. Diese Theorie hatte schon im 18. Jahrhundert einige Anhänger; G. Bischof erweckte sie zu neuem Leben. Noch eifriger wird diese Theorie in den siebziger und achtziger Jahren durch F. Sandberger (1826—1898) verfochten. Einige Zeit gewannen diese durch zahlreiche chemische Untersuchungen gestützten Anschauungen Sandbergers große Anerkennung, allerdings weniger in Deutschland als in Nordamerika. In Deutschland gelang es Stelzner, die Unhaltbarkeit der Lateralsekretionstheorie als Universaltheorie nachzuweisen. Eine beschränkte und abgeänderte Lateralsekretion behält allerdings auch weiterhin ihre Berechtigung. Neuerdings wird besonders die Gruppe der Verwitterungslagerstätten wieder mehr beachtet, die ihre Entstehung ja auch einer Art von Lateralsekretion verdankt.

Vollkommen neue Gesichtspunkte über die Entstehung von Erzlagerstätten haben die letzten 100 Jahre nur in sehr geringer Zahl gebracht. Einige recht wesentliche Gedanken verdankt die Wissenschaft B. v. Cotta, der überhaupt als einer der erfolgreichsten Forscher seiner Zeit zu betrachten ist.

Von Cotta (1864) stammt der moderne Begriff der Kontaktlagerstätten. Er ließ als erster systematische Untersuchungen über die Mineralparagenesis auf Erzlagerstätten anstellen. Er weist ferner (1854) auf Unterschiede zwischen primären und sekundären Teufenunterschieden hin, kann diese Unterschiede allerdings praktisch noch nicht richtig auseinanderhalten. 1859 fordert Cotta Anwendung des Lyellschen Aktualitätsprinzips auch auf die Erzlagerstätten; er betont, daß die meisten Erze in der Tiefe abgesetzt wurden, daß man deshalb die Bildung von Erzlagerstätten an der Erdoberfläche nicht beobachten könne. Aus der Verteilung der Erze auf die verschiedenen Formationen hatte man früher auf „metallogenetische Epochen" geschlossen, ein Begriff, der im 20. Jahrhundert wieder auflebte. Cotta lehnt diese Epochen ab, er erklärt die Verschiedenheit der Erze in verschiedenen Formationen in ganz moderner Weise als Tiefenstufen. Die Veränderlichkeit der Form der Lagerstätten bei gleicher Herkunft, die gegenseitige Vertretung von Stöcken, Lagern und Gängen usw., eine Erscheinung, die neuerdings (1919) von Beyschlag wieder hervorgehoben wurde, war Cotta schon 1867 gut bekannt.

Fast unbekannt sind zu Cottas Zeiten in erster Linie zwei Begriffe der modernen Lagerstättenlehre, die Erscheinungen der *magmatischen Differentiation* und der *Zementation*, die beide erst um die letzte Jahrhundertwende näher erforscht wurden.

In früheren Epochen waren es hauptsächlich die Erzgänge und Erzstöcke, welche theoretisches Interesse erweckten. Die moderne Entwicklung der Sediment-Petrographie brachte es mit sich, daß man jetzt auch den Flözen und Lagern größere Beachtung schenkt. Die Entstehungsweise dieser Lagerstätten ist zur Zeit viel stärker umstritten als die Frage der Bildung von Erzgängen.

Das 19. und 20. Jahrhundert hat in den Fragen der Erzlagerstättenbildung keine vollkommen neue Theorien zu finden gewußt, da alle theoretischen Möglichkeiten schon früher, in der phantastischen Periode, aufgegriffen worden waren. Ein bedeutender Fortschritt ist jedoch unverkennbar, das ist die *Erkenntnis von der Fehlerhaftigkeit der Universalhypothese*. Bis in die erste Hälfte des 19. Jahrhunderts hinein hatte man die Mannigfaltigkeit der Natur noch nicht richtig erkannt. Dazu bedurfte es erst einer größeren Häufung der Beobachtungstatsachen. Schon Cotta war ein überzeugter Gegner der Universalhypothese. Sandberger fällt in die Universalhypothese zurück und auch in der neuesten Zeit können manche Forscher diesen Fehler nicht ganz vermeiden. Im großen und ganzen hat sich aber die Erkenntnis durchgerungen, daß die natürlichen Metallanreicherungen durch eine ganze Reihe verschiedenartiger Vorgänge erzeugt werden können.

6. Dynamische Geologie.

Beobachtungen über Veränderungen der Erdoberfläche sind sehr alt; eine systematische Darstellung dieser Veränderungen gab schon im 16. Jahrhundert der belgische Mathematiker Simon Stevin (1548—1620). Bis in das 19. Jahrhundert hinein war jedoch die geologische Bedeutung derartiger Beobachtungen nur wenig bekannt; denn die Geologie stand unter der Herrschaft der Katastrophenlehre, sie rechnete also hauptsächlich mit Ereignissen, die auf der jetzigen Erdoberfläche nicht mehr zur Beobachtung kommen können. Eine dynamische Geologie im heutigen Sinne konnte erst in Erscheinung treten, als die Katastrophenlehre durch Hoff und Lyell überwunden worden war.

Die schon früher erwähnten Werke Hoffs und Lyells sind die ersten zielbewußten Abhandlungen über dynamische Geologie. Ihre Anschauungen siegten am leichtesten in England, wo durch die verwandten Gedankengänge Huttons und Playfairs der Boden vorbereitet war. In Deutschland hatten die „Uniformitarier" einen etwas schwereren Stand, da sie den Widerstand der anerkannten Autorität Leop. von Buchs und Alexander von Humboldts überwinden mußten. Am längsten hielt sich die Katastrophenlehre in dem in wissenschaftlicher Hinsicht stets sehr doktrinären und straff akademisch zentralisierten Frankreich, wo Elie de Beaumont (1798 bis 1874) und Alcide d'Orbigny (1802—1857) noch lange die Ideen Cuviers verteidigten.

Die modernen Lehrbücher pflegen endogene und exogene Dynamik zu unterscheiden; diese beiden Begriffe sind so alt wie die dynamische Geologie selbst. Die Ausdrücke „endogen" und „exogen" tauchten jedoch erst später auf. Früher gebrauchte man häufig für die endogenen Erscheinungen den Ausdruck „Vulkanismus", der jetzt nur noch für ein beschränktes Gebiet der endogenen Dynamik gilt. Die Änderung der Bezeichnung entspricht einem gewissen Wandel der Anschauungen.

a) Vulkanismus.

Im Zeitalter Werners vernachlässigte man die vulkanischen Erscheinungen. Aber zu Beginn des 19. Jahrhunderts rückte der Vulkanismus in den Vordergrund des Interesses. L. v. Buch, A. von Humboldt und ihre Zeitgenossen studierten mit großem Eifer verschiedene Vulkangebiete der Erde. Zunächst erörterte man die Frage, auf welche Weise Vulkanberge gebildet werden. L. v. Buch betrachtete sie als blasenartige Aufwölbungen der Erdrinde. Seine Theorie der Erhebungskrater beherrschte Jahrzehnte lang die gesamte Geologie. Freilich blieben Buchs Anschauungen nicht lange unwidersprochen. Sein bedeutendster Gegner war der Engländer Poulett-Scrope (1797—1875); dieser verteidigte die Aufschüttungstheorie; er betonte die Bedeutung der Gasexplosionen und der lockeren Auswurfsmassen. Der gleichmäßige Böschungswinkel der Vulkankegel war einer seiner wichtigsten Beweisgründe; Buchs Theorie vermag diesen Böschungswinkel nicht zu erklären. Poulett-Scrope kennt zwar ebenfalls Bodenerhebungen durch endogene Kräfte, er rechnet diese aber nicht zu den vulkanischen Erscheinungen, er trennt also Vulkanismus und Gebirgsbildung.

Zwischen den Vertretern der beiden Theorien entbrannte ein jahrzehntelanger, heftiger Kampf. Die anerkannten Autoritäten jener Zeit waren größtenteils auf Seite L. v. Buchs; dies erschwerte den Sieg der Theorie Poulett-Scropes. Erst nach dem Tode v. Buchs (1852) konnte sich die Aufschüttungstheorie durchsetzen; jedoch schildert z. B. C. Fr. Naumann noch 1858 die größeren Vulkanberge als Erhebungskrater.

Recht bezeichnend für die Entwicklung der geologischen Theorien im allgemeinen ist es, daß man einige Jahrzehnte nach der „Erledigung" des Erhebungskraters in beschränktem Maße wieder zu dieser Theorie zurückkehrte; denn die Feststellungen Gilberts (1877) über Lakkolithbildungen sind schließlich nichts anderes; und auch die

Aufpressung fester Lava, die man 1902 auf Martinique beobachtete, bildet eine gewisse Rechtfertigung der Anschauungen L. v. Buchs.

Die Lage der Vulkane hat häufig Anlaß zu Erörterungen gegeben. In der älteren Zeit war man sich darüber einig, daß Vulkane an Spalten der Erdrinde geknüpft seien. Erschüttert wurde diese Ansicht erst durch die Untersuchungen Brancas über die schwäbischen Vulkanembryonen (1894); Branca verteidigte die Ansicht, daß die Vulkane ursprünglich Durchschußröhren seien, die auch unabhängig von Spalten auftreten können.

Das Gesamtbild des Mechanismus der Oberflächeneruptionen ist seit der Mitte des vorigen Jahrhunderts ziemlich unverändert geblieben. Dagegen wurde in den letzten Jahrzehnten die Frage der Raumbildung plutonischer Massen viel erörtert. Diese Frage wurde auf drei verschiedene Weisen zu lösen versucht. Ed. Sueß vertrat zunächst die Ansicht, daß die Magmamassen in tektonisch vorgebildete Hohlräume eingedrungen seien; diese „Abstau"theorie wird auch neuerdings wieder von Cloos u. a. vertreten. Später änderte Sueß seine Ansicht zugunsten der vorher von französischen Forschern (Michel-Lévy 1893/4) verfochtenen Theorie der Aufschmelzung. Im 20. Jahrhundert hat namentlich die Aufstemmungs- oder Platztauschtheorie viele Anhänger gefunden, die zuerst von Daly (1903) aufgestellt wurde und dann von Milch, Salomon, Brögger, Cloos u. a. weiter ausgebaut wurde. Im ganzen ist die Frage unentschieden.

Die größten Schwierigkeiten bereitete von jeher die Frage nach den Ursachen der vulkanischen Kräfte überhaupt. Die Erdbrandtheorie Werners war freilich leicht zu widerlegen. Schwieriger aber war es, neue Erklärungen zu finden. L. v. Buch konnte darin keine Klarheit gewinnen; er nahm die vulkanischen Kräfte als etwas Gegebenes, Unerklärliches. A. v. Humboldt fand wenigstens eine äußerlich befriedigende Formel für das Unerklärliche, er sprach von Reaktionen des heißen, flüssigen Erdinnern gegen die starre Kruste und wurde damit der Schöpfer der magmatischen Theorie des Vulkanismus. Vollkommener waren die Anschauungen von Poulett-Scrope; er unterschied plutonische und vulkanische Tätigkeit. Die plutonische Tätigkeit deutete er ähnlich wie Humboldt; er suchte aber nach einer Ursache für diese „Reaktionen" und vermutete sie in Druck- und Temperaturschwankungen, die Volumveränderungen hervorrufen. Als vulkanische Tätigkeit bezeichnete er die eigentlichen Eruptionen, die er als Folgeerscheinungen der plutonischen Tätigkeit auffaßte; er schrieb dabei dem juvenilen Wasserdampf eine wichtige Rolle zu. Die Anschauungen Poulett-Scropes kommen also unserer modernen Ansicht recht nahe.

Einen Rückschritt brachten die Ansichten Lyells und einiger seiner Nachfolger (Volger 1857, Mallet 1873), die das feuerflüssige Erdinnere überhaupt ablehnten oder doch den vulkanischen Erscheinungen keinen Zusammenhang mit dem feuerflüssigen Erdinnern zubilligen wollten; die vulkanische Wärme sollte durch Reibung, Einstürze, Kontraktionserscheinungen u. dgl. erklärt werden.

Diese Anschauungen wurden jedoch durch verschiedene Forscher (Lang, Roth, Tschermak) sofort erfolgreich bekämpft; man kehrte nach dieser Abirrung rasch wieder zur Theorie vom schmelzflüssigen Erdinnern zurück. Bedeutenden Einfluß auf die Vulkanologie gewannen namentlich die Theorien von Stübel (1835—1904); dieser nahm an, daß die Vulkane durch einzelne Magmaherde gespeist würden, die bei der Erstarrung in der äußeren Kruste zurückgeblieben seien. Die Ursache der Eruptionen suchte er in der Ausdehnung des Magmas beim Erkalten.

Es wurde mehrmals versucht, diese Theorie der Volumveränderung des Magmas experimentell nachzuprüfen; die Ergebnisse sind widersprechend, es kann aber doch als gesichert gelten, daß Volumschwankungen des Schmelzflusses bei den Eruptionen eine Rolle spielen. Durch die modernen physikalisch-chemischen Forschungen wurden dieser Theorie auch theoretische Stützen dargeboten. Arrhenius (1900) betrachtete Druckentlastung als auslösendes Moment bei der Eruption; er vermutet, daß Spannungen im Magma durch die Aufnahme vadosen Wassers erzeugt würden; er hat damit die alten Vermutungen über den Zusammenhang zwischen Meerwasser und Vulkanismus in ein neues Gewand gekleidet. Einleuchtender sind die Ansichten Doelters (1903), welcher den Vulkanismus als einen Spratzvorgang betrachtet, der auf der Entgasung des Magmas beruht; in ähnlicher Weise führen Wolff und Niggli den Vulkanismus auf Schwankungen des Gasgleichgewichts infolge von Temperatur- und Druckänderungen zurück.

Die zuletzt angeführten Theorien schreiben also durchweg dem Magma eigene Auftriebskräfte zu. Andere Theorien betrachten das Magma als passiv bewegte Masse und sehen den Vulkanismus nur als sekundäre Folge tektonischer Bewegungen an. Diese Ansichten haben im ganzen vorigen Jahrhundert und bis in die neueste Zeit hinein Anhänger.

Viel erörtert sind seit langem die Fragen, welche sich an den Gasgehalt des Magmas anknüpfen. Am längsten wird wohl darüber gestritten, ob der Wasserdampf des Magmas juveniler oder vadoser Herkunft ist. Poulett-Scrope und Ed. Sueß haben sich für die juvenile Herkunft ausgesprochen. Sueß kennt daneben allerdings Kontaktexplosionen durch vadoses Wasser. Andere Forscher halten das Magma für ursprünglich wasserfrei; so Green (1887) und neuerdings Brun (1911). Neuere Untersuchungen sprechen jedoch gegen die mit großer Energie verfochtene Theorie von Brun.

Die große theoretische Bedeutung der magmatischen Gase hat dazu geführt, daß man neuerdings dazu übergegangen ist, die Fumarolengase unmittelbar chemisch und physikalisch zu untersuchen. Derartige Arbeiten werden namentlich von den in letzter Zeit an verschiedenen Stellen gegründeten vulkanologischen Instituten ausgeführt, die auch sonst bestrebt sind, die Lebenstätigkeit der Vulkane möglichst genau zu erforschen.

b) Erdbeben.

Die wissenschaftliche Untersuchung der Erdbeben beschränkte sich bis in die ersten Jahrzehnte des 19. Jahrhunderts hinein auf die Beschreibung der Erdbeben und ihrer Wirkungen. Man beschäftigte sich in erster Linie mit den starken Erdbeben und ließ die schwachen Erschütterungen unbeachtet.

Im 19. Jahrhundert suchte man mehr in die Einzelheiten zu gehen; manche Beben wurden monographisch bearbeitet; schon A. v. Humboldt lieferte derartige Monographien. Ferner trieb man Erdbebenstatistik. Das schon öfters erwähnte, in den dreißiger Jahren erschienene Werk von

K. E. A. von Hoff enthält den ältesten Erdbebenkatalog; ähnliche Werke wurden bis in die neueste Zeit hinein öfters veröffentlicht. Weiter interessierte man sich für die räumliche Verbreitung der Erdbeben; die vollendetste „Erdbebengeographie" wurde 1906 von Montessus de Ballore veröffentlicht.

Die monographische Bearbeitung einzelner Beben führte dazu, daß man sich auch mit der Mechanik der Erdbebenbewegungen und mit der Weite und Schnelligkeit ihrer räumlichen Ausbreitung beschäftigte; in den siebziger Jahren schuf v. Seebach die noch jetzt für diese Zwecke gebräuchliche Nomenklatur (Epizentrum, Hypozentrum, Isoseisten usw.).

Die zuletzt genannten Untersuchungen bewegen sich bereits auf dem Grenzgebiet von Physik und Geologie. Um die Mitte des vorigen Jahrhunderts entwickelte sich die eigentliche Erdbebenphysik; das Entscheidende für diese Entwicklung war, daß Hopkins (1847) und Mallet (1859) die Elastizitätstheorie auf die Erdbebenbewegungen anwandten.

Die physikalische Erdbebenforschung strebte nach Verbesserung ihrer Beobachtungsapparate. Die Chinesen sollen schon 136 v. Chr. Erdbebenmesser primitiver Art gekannt haben. Der erste europäische Seismograph wurde 1703 von de Haute Feuille gebaut. In der zweiten Hälfte des 19. Jahrhnnderts werden die bis dahin recht primitiven Apparate rasch verbessert. Die älteren Seismographen registrieren nur erhebliche Beben; mit der Verbesserung der Apparate konnten immer schwächere Bodenbewegungen beobachtet werden. Die Beobachtung eines Fernbebens gelang erstmals in Potsdam am 18. April 1889. Seitdem hat sich die Mikroseismi zu großer Vollkommenheit entwickelt.

Es zeigte sich, daß die Seismogramme nicht nur über den Verlauf der Erdbeben selbst Aufschluß geben können, sondern daß sie auch geeignet sind, neue Tatsachen über den Bau des Erinnernd aufzudecken.

So hat sich die Erdbebenkunde allmählich zu einem Wissenszweig entwickelt, der sich von der Geologie mehr oder weniger getrennt hat. Die große praktische Bedeutung der Erdbeben führte zur Gründung besonderer Kommissionen und Gesellschaften, die sich mit der Erforschung der Erdbeben beschäftigen. Die erste „Erdbebenkommission" wurde gegen Ende der siebziger Jahre durch Alb. Heim in der Schweiz gegründet. Andere Länder folgten mit ähnlichen Unternehmungen; besonders tätig war man aus begreiflichen Gründen auf diesem Gebiet in Japan, wo Milne schon 1880 die erste Zeitschrift für Erdbebenkunde begründete; jetzt gibt es eine ganze Reihe derartiger Zeitschriften in verschiedenen Ländern.

Die Entwicklung der Mikroseismik machte internationale Zusammenarbeit notwendig. Die Anregung dazu ging von Deutschland aus. Seit 1901 tagten mehrere internationale seismologische Konferenzen, im Jahre 1904 kam es zur Gründung einer internationalen seismologischen Assoziation mit einem Zentralbureau, das an die kaiserliche Hauptstation für Erdbebenforschung in Straßburg angegliedert war. Der Sieg der Entente im Weltkrieg hat auch diese internationale Kultureinrichtung zerschlagen.

Parallel mit den Untersuchungsmethoden entwickelten sich die Anschauungen über die Ursache der Erdbeben. Von alters her hatte die Menschheit sich mit dieser Frage beschäftigt; man hatte Gott, böse Geister, Riesen oder Tierungeheuer für die Erderschütterungen verantwortlich gemacht. Neben solchen Phantasien finden wir im Altertum schon alle modernen Erdbebentheorien mehr oder weniger klar vertreten. Besonderen Einfluß auf das europäische Mittelalter hatten die Anschauungen von Aristoteles, der die Erdbeben auf gespannte vulkanische Gase zurückführte.

Auch in neuerer Zeit waren noch manche phantastische Anschauungen über die Ursache der Erdbeben vertreten; so wollte W. Stukeley um 1750 die Erdbeben auf den Einfluß elektrischer Ströme zurückführen. Weideburg schlug 1783 sogar Schutzvorrichtungen gegen Erdbeben ähnlich den Blitzableitern vor. Noch im Jahre 1855 erklärte Hofer die Erdbeben als unterirdische Gewitter; so phantastisch diese Theorie ist, so hat sie doch manchen Anklang an die durchaus ernst zu nehmende moderne tektonische Theorie der Unterströmungen, die ja auch von zyklonalen Strömungen im Erdinnern redet, also die Bewegungsvorgänge in der Erdrinde mit meteorologischen Erscheinungen vergleicht.

Die erste streng wissenschaftliche Erdbebentheorie stammt von A. von Humboldt und L. von Buch; sie führten, anknüpfend an Aristoteles, die Erdbeben auf vulkanische Erscheinungen zurück. Humboldt betrachtete die Vulkane als

„Sicherheitsventile" der Erdrinde; einen Beweis für diese Zusammenhänge erblickte er darin, daß die stärksten Erdbeben nicht selten gerade in vulkanfernen Gebieten auftreten. Dieselbe Beobachtung wurde gleichzeitig von anderen gerade umgekehrt gedeutet. Wenn damals der Vulkanismus als die Ursache der Erdbeben bezeichnet wurde, so ist dabei zu beachten, daß man den Begriff Vulkanismus weiter faßte als jetzt und auch alle tektonischen Erscheinungen als vulkanisch bzw. plutonisch bezeichnete. C. F. Naumann setzte sich deshalb auch keineswegs in Gegensatz zu den Anschauungen Humboldts und Buchs, als er (1888) die vulkanischen von den plutonischen Erdbeben schied.

Dank dem Ansehen von Buch und Humboldt hatte die vulkanische Erdbebentheorie in der ersten Hälfte des 19. Jahrhunderts die meisten Anhänger. Abweichende Ansichten hatte Boussingault (1835); er schloß aus der räumlichen Trennung großer Beben von Vulkanen, daß die Erdbeben auf Einstürze und Senkungen der Erdrinde zurückgingen. Er dachte dabei offenbar nicht nur an Einstürze oberflächlicher Höhlen, sondern auch an Bewegungen, die wir jetzt als tektonisch bezeichnen würden. Boussingaults Theorie steht also den heutigen Anschauungen gar nicht so sehr fern, nur war damals der Begriff der nichtvulkanischen tektonischen Bewegungen noch etwas ganz Ungeklärtes. Die Einsturztheorie erhielt sich neben der vulkanischen Erdbebentheorie längere Zeit, sie wurde namentlich von Volger in den fünfziger Jahren in etwas einseitiger Weise verteidigt.

Statistische Untersuchungen über die zeitliche Verteilung der Erdbeben führten zu der Vermutung, daß Zusammenhänge zwischen Erdbeben und kosmischen Erscheinungen bestünden. Kluge (1861) vermutete ursächliche Beziehungen der Erdbeben zu Sternschnuppen und Sonnenflecken. Die Unsicherheit statistischer Methoden ergibt sich daraus, daß Wolff bezüglich der Sonnenflecken gerade zum entgegengesetzten Ergebnis gelangte. Am bekanntesten wurden die kosmischen Erdbebentheorien, die von Perrey in den vierziger Jahren und von Falb in den siebziger Jahren des 19. Jahrhunderts aufgestellt wurden. Beide Forscher behaupteten, daß die Erdbeben auf Flutbewegungen des flüssigen Erdinnern beruhten; Falb berechnete auf Grund dieser Theorie seine bekannten „kritischen Tage".

Neue Gesichtspunkte wurden von Ed. Sueß 1873/74 in die Erdbebenforschung gebracht, indem er auf Grund monographischer Untersuchungen verschiedener Beben zu dem Ergebnis kam, daß diese unabhängig von vulkanischen Erscheinungen seien, aber mit tektonischen Störungen zusammenhingen. Zu ähnlichen Ergebnissen kam ungefähr gleichzeitig auch Alb. Heim in der Schweiz. Damit war die moderne tektonische Erdbebentheorie begründet, die allerdings mehr auf der Veränderung der Anschauungen über gebirgsbildende Bewegungen als auf einer Veränderung der Anschauungen über die Erdbeben selbst beruht; denn wir haben oben gesehen, daß auch Humboldt schon Erdbeben kannte, die nicht in unmittelbarem Zusammenhang mit Vulkanen stehen.

Auch bei den Erdbeben sehen wir, wie allmählich die Universalhypothese durch die Anerkennung der Mannigfaltigkeit der Ursachen ersetzt wird; dies tritt in dem 1893 erschienenen Lehrbuch der Erdbebenkunde von Hoernes zum ersten Male deutlich in Erscheinung.

Bemerkenswert für die stetige Wiederkehr alter Theorien ist es, daß neuerdings (1917) durch Branca die alte Anschauung Humboldts von den *magmatischen* Ursachen der Erdbeben wieder schärfer betont wurde. Auch die durch verschiedene neuere Arbeiten aufgedeckten Beziehungen zwischen den Gebieten der Großbeben und den Gebieten der Verbreitung pazifischer Magmen lassen einen gewissen Zusammenhang zwischen Erdbeben und Vulkanismus vermuten; allerdings ist dabei die Frage ungelöst, ob die Erdbeben unmittelbar vom Vulkanismus bedingt werden, oder ob nicht beide Erscheinungen auf dieselbe Ursache, nämlich auf tektonische Bewegungen der Erdrinde zurückgehen.

c) Gebirgsbildende Bewegungen.

Die langsamen Verbiegungen der Erdkruste werden dem Menschen dort am deutlichsten vor Augen geführt, wo ein

Wasserspiegel einen leicht beobachtbaren Vergleichspunkt liefert. Solche „Strandverschiebungen" fanden in Skandinavien schon im 18. Jahrhundert Beachtung. Andere klassische Beobachtungspunkte für Strandverschiebungen sind der Serapistempel von Pozzuoli bei Neapel (seit 1803 bekannt) und die Küste von Chile (seit dem Erdbeben von 1822); auch die pazifischen Koralleninseln haben seit den Beobachtungen Darwins (1838) öfters zu Erörterungen über die gegenseitige Höhenlage von Wasser und Land Veranlassung gegeben.

Etwa seit dem Ende des 19. Jahrhunderts kann man auch unabhängig vom Meeresspiegel Verbiegungen der Landoberfläche nachweisen. Zunächst wurde man durch die erklärende Beschreibung der Landformen häufig auf junge Krustenbewegungen aufmerksam. In den letzten Jahren aber konnte man an verschiedenen Stellen durch wiederholte feine Vermessung die Krustenbewegungen unmittelbar nachweisen.

Bei den zunächst allein beobachteten Strandverschiebungen war stets fraglich, ob es sich um Bewegungen des Festlandes oder des Meeres handle. In der ersten Hälfte des 19. Jahrhunderts entschied man sich zumeist für die Annahme einer Hebung des Festlandes; Buch und Humboldt machten vulkanische Kräfte für die Hebung verantwortlich. Englische Forscher (Playfair, Lyell) vermuteten Ausdehnung des Erdinnern durch Erwärmung. Bischof glaubte in der Mitte des letzten Jahrhunderts an Volumschwankungen infolge von chemischen Umsetzungen. Volger suchte die treibenden Kräfte in Kristallisationsvorgängen.

Die Möglichkeit der Meeresspiegelschwankungen wurde in der ersten Hälfte des vorigen Jahrhunderts weniger in Betracht gezogen. Adhemar wollte Wasserspiegelschwankungen mit kosmischen Ereignissen in Zusammenhang bringen. Die Hebungstheorie erhielt jedoch in derselben Zeit (1842) eine wesentliche Stütze durch Bravais, der in Skandinavien konvergierende Strandlinien entdeckte.

Erst im letzten Viertel des 19. Jahrhunderts wurde die Hebungstheorie schwer erschüttert, als Ed. Sueß sich der Frage annahm; er sprach zwar vorsichtig nur von „positiven" und „negativen" Strandverschiebungen, er deutete diese aber als eustatische Schwankungen des Meeresspiegels durch Senkung von Krustenteilen. Hebungen des Festlandes lehnte er ab. Entscheidend für diese Anschauungen waren die Beobachtungen, welche Sueß in jungen Jahren in der Umgebung von Wien über den wagrechten Verlauf der tertiären Strandlinien machte. Manche widersprechende Erscheinungen konnte man durch die Annahme ungleichmäßiger Senkungen erklären; außerdem kam A. Penck (1882) der Theorie von Sueß zu Hilfe, indem er auf die Verbiegung des Meeresspiegels durch Massenanziehung hinwies. So gelang es Sueß, seine den früheren Theorien so stark widersprechende Ansicht zur Anerkennung zu bringen. Die Theorie von Sueß hat befruchtend gewirkt; sie war geeignet, manche weitreichenden Meeresbewegungen der geologischen Vergangenheit in neuem Lichte erscheinen zu lassen. Seit einigen Jahren mehren sich jedoch die Stimmen, welche dafür sprechen, daß die Anschauungen von Sueß zu einseitig waren; man kehrte wieder zur Annahme wirklicher Hebungen zurück, nur betrachtet man diese jetzt nicht mehr als Auswirkungen vulkanischer Kräfte, sondern als Folgen tangentialer Spannungen oder isostatischen Ausgleichs.

Bisher war nur von den weiträumigen, aber schwachen „epirogenetischen" Bewegungen die Rede. Die stärkeren „orogenetischen" Lagerungsstörungen waren der Forschung seit dem Ende des 18. Jahrhunderts allgemein zum Bewußtsein gekommen. Am Ende der heroischen Periode herrschte Buchs Theorie des Erhebungskraters. Auch Buchs Gegner bekämpften dessen Theorie nur bezüglich der eigentlichen Vulkankegel, für die übrigen Gebirge nahm auch z. B. Poulett-Scrope Hebung durch vulkanische Kräfte an. Freilich wurde der Begriff „Vulkanismus" damals weiter gefaßt als jetzt. Eines fehlte aber damals entschieden, das ist die Erkenntnis von der Mitwirkung seitlichen Kontraktionsdruckes bei der Gebirgsbildung.

Einen gewissen Fortschritt bedeuteten demgegenüber die Theorien Elie de Beaumonts; dieser nahm zwar ebenso wie Buch vertikale Hebung an, der seitliche Druck war ihm unbekannt. Im Gegensatz zu Buch führte er die Hebung jedoch nicht auf Eigenkräfte des Magmas sondern auf die Kontraktion der Erdrinde zurück. Er betonte stark den episodischen Charakter der Gebirgsbildung und steht dabei durchaus unter dem Einfluß von Cuviers Kataklysmenlehre. Die Ideen Beaumonts über die allmähliche Aufspeicherung der Spannungen in der Erdkruste erinnern an die modernen Theorien von Sonder.

Infolge der Autorität von Buch, Humboldt und Beaumont besaß die Theorie der vertikalen Hebung in der ersten Hälfte des 19. Jahrhunderts die meisten Anhänger. Doch waren auch in jener Zeit schon andere Ansichten vertreten. Originelle Ideen hatte z. B. Const. Prévost; er betrachtete die Gebirge als randliche Aufpressungen an großen sinkenden Schollen; seine Theorie erinnert an die modernen Anschauungen von Lehmann-Wattenscheid und Quiring.

Größere Beachtung verdienen die Ergebnisse, welche Thurmann schon in den dreißiger Jahren aus seinen Untersuchungen im Schweizer Jura ableitete. Er hat sich als erster in Europa für Faltenbildung durch seitlichen Druck ausgesprochen. Zur Stützung seiner Theorie machte er eingehende Untersuchungen über den Verlauf der Gebirgsklüfte; er hat damit als erster eine Methode angewandt, die erst in den letzten Jahrzehnten wieder zu Ehren gekommen ist.

In Amerika haben sich die tektonischen Theorien in jener Zeit rascher entwickelt als in Europa. Die Entdeckung von Kohlenlagern veranlaßte eingehende Untersuchungen in den

Appalachen. Schon i. J. 1825 vergleicht Steele die gebirgsbildenden Bewegungen mit den Bewegungen der Eisschollen auf einem Fluß; er erkennt also die Einwirkung wagrecht wirkender Schubkräfte an. Energisch abgelehnt wurde die vulkanische Hebungstheorie von den beiden Brüdern Rogers, die in den dreißiger und vierziger Jahren die geologische Durchforschung Pennsylvaniens leiteten; als Ersatz für die Hebungstheorie hatten sie allerdings nur eine unklare „Wellentheorie". Ein wertvolleres Ergebnis ihrer Arbeiten war es, daß sie den Unterschied von Schieferung und Schichtung erkannten. Überkippte Lagerung wurde zum ersten Male von Hitchcock 1841 ebenfalls in den Appalachen festgestellt. Im gleichen Gebiet erkannte Hall 1859 den Zusammenhang zwischen Faltungsintensität und Sedimentmächtigkeit. Diese Beobachtung enthält die Grundlage der modernen Geosynklinaltheorie; die theoretische Auswertung dieser Beobachtungen Halls waren Le Conte und namentlich Dana vorbehalten. Dana ist der eigentliche Schöpfer des Begriffes „Geosynklinale"; er betonte ferner die lange Dauer und die Langsamkeit der gebirgsbildenden Bewegungen und brachte damit den Lyellschen Quietismus auch in den Theorien der Gebirgsbildung zur Anerkennung.

In Europa verharrte man noch länger bei den überkommenen Anschauungen Buchs und Beaumonts. Eine durchgreifende Änderung brachten hier erst die Arbeiten von Ed. Sueß, zunächst sein kleines Buch über „Die Entstehung der Alpen" (1875), und dann sein großes Lebenswerk „Das Antlitz der Erde", mit dessen Veröffentlichung im Jahre 1883 begonnen wurde, das aber erst im 20. Jahrhundert fertiggestellt wurde. In diesen Werken sucht Sueß durch vergleichende Untersuchungen die Gesetzmäßigkeiten des Gebirgsbaues zu ermitteln. Seine Ergebnisse stimmen in vielem mit Dana überein; Sueß steht entschieden auf dem Boden der Kontraktionstheorie, er kennt nur Senkung und tangentiale

Auffaltung, keine radiale Hebung. Infolge seiner umfassenderen Untersuchungsbasis kommt er zu viel weitergehenden Ergebnissen als Dana. Er betont den unsymmetrischen Bau der meisten Gebirgszüge, erörtert die Entstehung der Vortiefe, die stauende Einwirkung von Vorlandshorsten auf den Verlauf der Gebirgsfalten, die Erscheinungen der Scharung usw. Wertvoll und neu sind auch seine Ergebnisse über die zeitliche und räumliche Verteilung der Faltungserscheinungen. Sueß hat der Wissenschaft so viele neue und anregende Gedanken beschert wie kaum ein anderer Geologe in den letzten 100 Jahren, und wenn auch manche von seinen Ideen und Theorien sich langsam überleben, so zehrt die geologische Forschung doch wohl noch auf lange Zeit hinaus von den Ergebnissen seiner Arbeit; diese erstrecken sich auf alle Gebiete der Geologie, besonders wertvoll ist aber das, was Sueß zur Lösung der Frage der Gebirgsbildung beigetragen hat.

Neben Sueß wirkte ungefähr in derselben Zeit in der Schweiz Alb. Heim, der ebenfalls unsere tektonischen Kenntnisse außerordentlich bereichert hat. Während Sueß die ganze Erde in seine Forschungen einbezog, beschränkte sich Heim auf seine engere Heimat, seine theoretischen Überlegungen fußen auf eingehenden Lokaluntersuchungen in den tektonisch so überaus problemreichen Westalpen. Von weitgehender Bedeutung sind namentlich Heims Untersuchungen über den Mechanismus der Gebirgsfaltung und die von ihm aufgestellte Theorie der bruchlosen Faltung und der latenten Plastizität der Gesteine unter Gebirgsdruck.

Die Arbeiten von Sueß und Heim wirkten überaus anregend; die bis dahin noch recht mangelhaften Einzelkenntnisse über den tektonischen Bau der Gebirge wurden etwa von den achtziger Jahren des 19. Jahrhunderts ab durch zahlreiche Arbeiten rasch erweitert. Günstig für diese Entwicklung war es allerdings, daß etwa in derselben Zeit auch ein wirtschaftlicher Anreiz für die Pflege tektonischer Forschung gegeben war durch das Aufblühen der Erdölindustrie. Man hatte in den sechziger Jahren festgestellt, daß die reichsten Öllager an Sattellinien geknüpft sind; Ende der siebziger Jahre wurde die bis dahin mehr theoretisch erörterte Antiklinaltheorie namentlich durch Höfer von Heimhalt in die Erdölpraxis eingeführt; damit war dem tektonisch geschulten Geologen eine besonders wichtige Rolle in der Erdölindustrie gesichert. Es ist kein Zufall, daß gerade aus Heims direkter und indirekter Schule so besonders viele tüchtige Erdölgeologen hervorgegangen sind.

Die Alpen blieben auch weiterhin das bevorzugte Gebiet für tektonische Forschungen. Hier stellte man fest, welches ungeahnte Ausmaß die tektonischen Verschiebungen erreichen können. Sueß und Marcel Bertrand wiesen schon in den achtziger Jahren darauf hin, daß man in den Alpen einheitliche, weitgehende Bewegungen aus einer Richtung vermuten müsse; sie ahnten gewissermaßen voraus, was wir jetzt „Deckentheorie" nennen. Anfangs der neunziger Jahre wies Rothpletz auf die flachen Überschiebungen in den Glarner Alpen hin, und gleichzeitig entwickelte Schardt auf Grund von Untersuchungen in den Freiburger Alpen die Theorie der Deckfalten; doch fand sie zunächst wenig Beachtung. Erst zu Beginn des neuen Jahrhunderts gelangte Lugeon zu einer genialen Synthese für den Gesamtbau der Alpen und lenkte damit die allgemeine Aufmerksamkeit auf die „Deckentheorie", die sich in der Folgezeit rasch entwickelte und bald auch auf andere Kettengebirge übertragen wurde. Natürlich blieb auch diese Theorie nicht frei von Übertreibungen, und dies verschaffte ihr manchen Gegner, namentlich unter den Geologen, die in den Ostalpen tätig waren. Diese Kritik hat mindestens die gute Wirkung gehabt, daß die Deckentheorie nicht zum Dogma erstarrte, sondern dauernd in Wandlung begriffen blieb; namentlich gelangte man auch in den Westalpen in den letzten Jahren zu der Erkenntnis, daß die Alpen nicht in einer einzigen, großen Faltungsperiode entstanden sind, sondern daß Perioden der Ruhe und der Faltung einander ablösten, und daß die Faltung schon in mesozoischer Zeit einsetzte, als die Sedimentbildung in der alpinen Geosynklinale noch längst nicht abgeschlossen war. So ist zu hoffen, daß sich durch Umgestaltung der Deckenlehre allmählich eine Ansicht herausbilden wird, die zur allgemeinen Anerkennung gelangen kann.

Die Deckentheorie, wie überhaupt alle tektonischen Anschauungen, die sich im Anschluß an die Arbeiten von Sueß entwickelten, steht auf dem Boden der Kontraktionstheorie; die Ansicht, daß alle tektonischen Erscheinungen Folgen der

Erdschrumpfung seien, war während der letzten 50 Jahre durchaus herrschend. Freilich fehlte es auch nicht an Zweiflern an dieser Schrumpfungstheorie. Ganz vereinzelt blieben die phantastischen Anschauungen von Pfaff (1883), der die meisten gebirgsbildenden Bewegungen auf Auslaugung zurückführen wollte. Ernster zu nehmen sind die Theorien, welche die Schichtfaltungen auf lokale Expansion durch Erwärmung zurückführen. Solche Anschauungen äußerte Read (1886), auch Rothpletz war ähnlicher Ansicht. Reyer (1885) betrachtete die tangentialen Faltungen nur als Folge von radialen Brüchen, die Höhenunterschiede erzeugten und dadurch ein seitliches Abgleiten der Schichten ermöglichten. Eine gewisse Verwandtschaft mit dieser Gleitungstheorie Reyers besitzt die Erklärung, welche Richthofen (1903) für die „Zerrungsbögen" Ostasiens gab.

In einen gewissen, allerdings nicht ganz berechtigten Gegensatz zur Kontraktionstheorie wird häufig die Theorie der Isostasie gestellt. Sie tauchte in ihren Grundgedanken bereits in der ersten Hälfte des 19. Jahrhunderts auf. Nach A. Born soll der Engländer J. F. W. Herschel i. J. 1837 in einem Brief an Lyell einem der Isostasietheorie entsprechenden Gedankengang zum ersten Male Ausdruck verliehen haben. Eingehender beschäftigt sich mit derartigen Gedanken der englische Astronom Airy (1855) auf Grund von Untersuchungen über die Verteilung der Schwereanomalien im Vorlande des Himalaja. Der Name „isostasy" wurde jedoch erst in den neunziger Jahren von Dutton geschaffen, der daher häufig zu unrecht als der Vater des Gedankens der Isostasie bezeichnet wird. Dutton verknüpfte seine Erörterungen über Isostasie mit einer Kritik an der Kontraktionstheorie, und daher kommt es wohl, daß die beiden Theorien häufig irrigerweise als einander widersprechend betrachtet werden. Seit Duttons Betrachtungen hat die Theorie der Isostasie bei geologisch-tektonischen Überlegungen stets wachsende Bedeutung gewonnen. Wertvoll sind in diesem Zusammenhang auch die Ergebnisse der modernen Schweremessungen. Die vollständige Auswertung der auf Grund dieser Theorie sich ergebenden Probleme bleibt der Zukunft vorbehalten.

Während die Theorie der Isostasie gleichwertig neben der Kontraktionstheorie bestehen kann, wurden neuerdings auch einige Theorien aufgestellt, welche die orogenetischen Bewegungen, namentlich die Faltungserscheinungen, auch ohne Kontraktionskräfte erklären wollen. Veranlassungen dazu gaben die Zweifel darüber, ob die Erde tatsächlich ein allmählich zusammenschrumpfender Körper ist; diese Zweifel waren berechtigt infolge der Entdeckung der wärmeerzeugenden Eigenschaft radioaktiver Stoffe. Es gilt somit, andere Kräfte zu suchen, welche man für die gebirgsbildenden Bewegungen verantwortlich machen könnte. Verschiedene Forscher (Lachmann, Andrée u. a.) vermuteten, daß Kristallisationserscheinungen die zur Gebirgsbildung nötigen Kräfte liefern könnten; Lachmann ging dabei zunächst von den norddeutschen Salzhorsten aus, er übertrug seine Theorie aber später auch auf kristalline Schiefer der Alpen.

Mehr Beachtung verdient wohl die von Ampferer aufgestellte Unterströmungstheorie. Diese sucht die treibenden Kräfte für die Faltungserscheinungen in thermischen Konvektionsströmungen des magmatischen Untergrunds; nach anderer Deutung sollen die Magmaströmungen auch in einem gewissen Zusammenhang mit isostatischen Bewegungen stehen. Die Auseinandersetzung zwischen Unterströmungstheorie und Kontraktionstheorie ist noch im Gange. Bemerkenswert ist es, daß durch Ampferers Unterströmungstheorie die Kettengebirge wieder zu Zonen eigener Kraftwirkung geworden sind, und daß man ihre Entstehung wieder mit magmatischen Vorgängen in Zusammenhang bringt; man ist also in gewissem Sinne wieder zu den alten Anschauungen Leopold von Buchs zurückgekehrt.

Radiale Störungen (Verwerfungen) sind schon sehr lange bekannt, die Bergleute mußten sie von altersher beachten. Mit der theoretischen Deutung dieser Störungsform beschäftigte sich die Wissenschaft lange Zeit nur sehr wenig. Man betrachtete sie allgemein als die Folge von Spannungsdifferenzen, die man in der ersten Hälfte des 19. Jahrhunderts auf vulkanische Kräfte zurückführte. Erst in den letzten Jahrzehnten des 19. Jahrhunderts fanden die Verwerfungen größere Beachtung. Daubrées tektonische Experimente (1880) erstreckten sich auch auf Klüftungen und Verwerfungen. Eingehende Erörterungen hat Reyer (1888) den Verwerfungen gewidmet; es wurde schon erwähnt, daß Reyer die tangentialen Störungen nur als Folgen radialer Störungen betrachtete. Erst gegen Ende des Jahrhunderts aber hat man erkannt, daß die Schollengebirgstektonik ebensoviel interessante Probleme birgt wie die Tektonik der Faltengebirge. Zu dieser Erkenntnis dürfte wesentlich die fortschreitende Spezialkartierung, namentlich die geologische Aufnahme weiter Teile Mittel- und Süddeutschlands beigetragen haben; denn die Eigenheiten der Schollentektonik sind nicht so leicht zu erkennen wie der alpine Faltenbau, sie treten erst bei planmäßiger Einzeluntersuchung in Erscheinung. Um die theoretische Verarbeitung der auf diese Weise gewonnenen Ergebnisse hat sich namentlich Stille verdient gemacht. Salomon und seine Schüler sind in den letzten Jahren noch über die Ergebnisse der Kartenaufnahmen hinausgegangen, sie haben die Einzeluntersuchungen auf die statistische Erfassung der Gesteinsklüfte ausgedehnt; diese Methode, welche früher schon einmal von Thurmann angewandt worden war, haben Cloos und Sander auf die Tiefengesteinsmassive übertragen; sie haben damit erreicht, daß auch diese bisher für den Tektoniker sterilen Gebiete tektonisch ausgewertet werden können.

Überblickt man die Gesamtheit der Entwicklung unserer Anschauungen über Gebirgsbildung im Laufe der letzten

100 Jahre, so ergibt sich, daß sich das Beobachtungs- und Tatsachenmaterial ungeheuer vermehrt hat; vom beschreibenden Standpunkt aus sind wir viel weiter gekommen. In der Erklärung der Erscheinungen aber ist kein großer Fortschritt zu verzeichnen, soweit man nicht das Aufstellen neuer Theorien an sich als Fortschritt bewerten will. Wir haben zahlreiche Theorien, diese haben aber durchweg nur den Wert von Arbeitshypothesen; über die wahre Ursache der Gebirgsbildung können wir jetzt noch genau wie vor 100 Jahren nur Vermutungen aufstellen. Insofern ist die Tektonik einer der unbefriedigendsten Abschnitte der ganzen Geologie.

d) Äußere Dynamik.

Die Erscheinungen der äußeren Dynamik sind in Ursachen und Wirkungen im allgemeinen leichter erkennbar als die Kraftäußerungen des Erdinnern. Es gab daher auf diesem Gebiet stets weniger theoretische Differenzen, die Entwicklung vollzog sich, abgesehen von einigen Sondergebieten (z. B. Glazialerscheinungen), in stetiger Weise. Trotzdem sind recht beträchtliche Fortschritte zu verzeichnen; sie ergaben sich namentlich aus der fortschreitenden geographischen Erforschung der Erdoberfläche. Zu Anfang des vorigen Jahrhunderts kannte man hauptsächlich die Vorgänge im gemäßigten Klima, die anderen Klimagebiete wurden erst im Laufe des letzten Jahrhunderts näher erforscht.

Zu den im Anfang des vorigen Jahrhunderts noch fast unbekannten Erscheinungen gehört die geologische Tätigkeit des Windes; sie wurde erst erkannt, als die geographische Forschung in der 2. Hälfte des 19. Jahrhunderts die Wüsten der Erde zu erschließen begann. Dasselbe gilt auch für die großartigen Erscheinungen der Schuttbildung in den Trockengebieten. Die Entstehungsweise manches vorher rätselhaften fossilen Sediments wurde dadurch geklärt; in den letzten Jahrzehnten hat sich besonders J. Walther um die Erforschung der geologischen Vorgänge in den Wüsten verdient gemacht. Vorher schon, in den siebziger Jahren des vorigen Jahrhunderts, hatte Richthofen in China den Löß als eine äolische Ablagerung erkannt; der europäische Löß war vorher meist als fluviatile oder limnische Ablagerung gedeutet worden.

Die praktische Bedeutung der Quellen hat Veranlassung gegeben, daß man sich schon seit dem Altertum mit der Frage nach der Entstehung dieser Gebilde häufig beschäftigt hat. Es wurden dabei neben richtigen Anschauungen auch zahlreiche phantastische Theorien aufgestellt; die jetzt übliche Zurückführung der Quellen auf Sickerwasser kam im Laufe des 18. Jahrhunderts zur allgemeinen Anerkennung. Vereinzelt waren allerdings auch noch im 19. Jahrhundert mehr oder weniger phantastische Ansichten vertreten. So nahm Keferstein (1827) an, daß sich das Wasser im Boden auf chemischem Wege neu bilde. Etwas ernster zu nehmen ist die von Volger (1877) aufgestellte Kondensationstheorie. Die erste zusammenfassende wissenschaftliche Bearbeitung der Quellenkunde findet sich in Bischofs Lehrbuch der chemischen und physikalischen Geologie (1847); in der Folgezeit hat sich dann eine ganze Reihe von Forschern mit der Quellenkunde in besonderen Werken beschäftigt.

Die chemischen Wirkungen des Wassers und die mit ihnen in Zusammenhang stehenden Verwitterungserscheinungen, namentlich die Feldspatzersetzung, finden schon zu Anfang des 19. Jahrhunderts Beachtung. Auf die Beziehungen der Verwitterung zur Bodenbildung wies Senft (1847) hin. Besonders eingehend wurde die chemische Verwitterung von Bischof behandelt. Noch wenig bekannt war in jener Zeit die Abhängigkeit der Verwitterungsvorgänge vom Klima; auf diesen Zusammenhang ist erst Richthofen (1886) näher eingegangen. Im 20. Jahrhundert entwickelte sich die Bodenkunde zu einer besonderen Wissenschaft, die nahe Beziehungen zur Geologie besitzt; die geologische Bodenkunde und namentlich die Untersuchungen über die klimatische Bedingtheit der Verwitterungserscheinungen haben für die historische Geologie sowie für das Verständnis der Bildung mancher Gesteine große Bedeutung gewonnen. Besonders befruchtend wirkten auf die geologische Bodenkunde die Fortschritte der Kolloidforschung, die zuerst durch van Bemmelen der Bodenkunde dienstbar gemacht wurden.

Über die Wirkung des fließenden Wassers auf den Festländern herrschte zu Anfang des vorigen Jahrhunderts noch einige Unklarheit. Obwohl man ja die erodierende Tätigkeit der Wasserläufe überall beobachten konnte, war man doch in jener Zeit der Katastrophentheorie zu sehr gewöhnt, die Form der Erdrinde nicht aus alltäglichen Ereignissen zu erklären. Man betrachtete daher die Täler als Wirkungen der Sintflut oder als Ergebnis submariner Erosion. Erst als in den dreißiger Jahren das Lyellsche Aktualitätsprinzip zur Anerkennung gelangte, erkannte man in den Tälern Ergebnisse der normalen Flußerosion. In dieselbe Zeit fallen auch die ersten Untersuchungen über die Transportkräfte der Flüsse (Everest 1832). Manche Täler betrachtete man allerdings als tektonische Spalten. Diese Spaltentheorie war aus der Zeit der Katastrophenlehre übernommen; sie konnte sich bis in die neueste Zeit erhalten, nur mit der Einschränkung, daß sie jetzt nicht mehr wie früher als Universaltheorie angesehen wird. Besonders naheliegend war die Spaltentheorie bei den in zahlreichen Gebirgen vorkommenden Durchbruchstälern; diese Täler konnte man nur als Spalten erklären, bis Richthofen die Theorie der epigenetischen Talbildung aufstellte.

Einzelne Forscher waren schon lange zu der Erkenntnis gekommen, daß ein Festland durch die Tätigkeit des fließenden Wassers flächenhaft abgeräumt werden kann; namentlich die geologischen Verhältnisse in Schweden ließen diese Erkenntnis naheliegend erscheinen. Doch kam diese Anschauung erst um die Mitte des Jahrhunderts zur allgemeinen Anerkennung, da sich vorher L. v. Buch derartigen Theorien widersetzt hatte. Der Sieg der neuen Erkenntnis war ein großer Fortschritt namentlich in paläogeographischer Hinsicht, denn bis dahin war man überwiegend der Ansicht, daß in Schichtstufenländern die jetzige Grenze der Ablagerungen auch den früheren Küstenlinien ungefähr entspräche.

Die geologische Bedeutung der Meeresbrandung wurde erst in der 2. Hälfte des vorigen Jahrhunderts näher gewürdigt, da man vorher unter der Herrschaft der Katastrophentheorie zu sehr gewöhnt war, die alltäglichen Ereignisse außer acht zu lassen und nur außergewöhnlichen Ereignissen, großen Sturmfluten u. dgl., geologische Bedeutung beizumessen. Eingehender begründet wurde die Theorie der marinen Abrasion durch Richthofen (1882), der darauf hinwies, daß die Meereswogen nur bei gleichzeitiger Senkung des Festlandes ganze Kontinente abhobeln können. Diese zweifellos richtige Theorie wurde von Richthofen in ihrer Bedeutung überschätzt; die neuere Zeit konnte sie daher nur mit entsprechender Einschränkung beibehalten.

Während sich so die Einschätzung der geologischen Bedeutung der Brandungswellen im Laufe des vorigen Jahrhunderts stetig gehoben hat, nahm die Einschätzung eines anderen marinen Vorganges, der Meeresströmungen, eine umgekehrte Entwicklung. Um die Wende des 18. und 19. Jahrhunderts schrieb man diesen nur unvollkommen bekannten Erscheinungen eine übertrieben große Erosionswirkung zu. Mit der fortschreitenden Kenntnis des wahren Charakters dieser Strömungen sah man ein, daß man sie überschätzt hatte. Dies führte nun freilich dazu, daß man in den umgekehrten Fehler verfiel und jahrzehntelang die geologische Bedeutung der Meeresströmungen fast ganz vernachlässigte. Erst neuerdings beginnt man, den Meeresströmungen wieder die ihnen gebührende Rolle im geologischen Geschehen einzuräumen.

Die **Bildung mechanischer Sedimente** bietet kein schwieriges Problem, solange man sich auf die großen Züge der Erscheinung beschränkt; es gab daher in diesen Fragen keine großen Meinungsverschiedenheiten und keine erwähnenswerten Entwicklungsetappen. Die Untersuchungen über rezente Sedimentbildung erstreckten sich zunächst auf die kontinentalen Bildungen und die Flachseesedimente. Einen gewissen Abschluß dieser Periode bedeutet das erste zusammenfassende Werk über Meeressedimente, welches 1871 von Delesse veröffentlicht wurde. In den nächsten Jahrzehnten machte die Ozeanographie, namentlich die Erforschung der Tiefsee, große Fortschritte. Es führte dies dazu, daß auch die Geologie den Tiefseesedimenten sehr große Beachtung schenkte und eine Zeitlang die wichtigeren Probleme der Flachseebildungen vernachlässigte. In den letzten Jahren hat man sich jedoch wieder eines besseren besonnen und die Untersuchung des Mechanismus der Flachseesedimentation hat, namentlich in den neueren Arbeiten Weigelts, schon sehr wertvolle Ergebnisse geliefert.

Etwas schwieriger als die Frage der Bildung klastischer Sedimente sind die Probleme der **Bildung chemischer Sedimente**; es herrschte daher in dieser Hinsicht noch längere Zeit Unsicherheit, die auch durch die noch verhältnismäßig unentwickelten chemischen Kenntnisse bedingt war. So konnte noch um 1850 die Meinung vertreten sein, daß die Salzstöcke plutonische Bildungen seien. Die Fortschritte der chemisch-geologischen Forschung um die Mitte des vorigen Jahrhunderts räumten mit derartigen Theorien auf. Das Meerwasser war schon 1845 durch Forchhammer eingehend analytisch untersucht worden, und von nun an sah man in den Salzgesteinen durchweg Eindampfungsrückstände abgeschlossener Meeresteile oder festländischen Salzwassers. Die große Mächtigkeit vieler Salzlager suchte Ochsenius durch seine Barrentheorie zu erklären; auf die klimatische Bedingtheit der Salzlagerstätten hat namentlich J. Walther hingewiesen. Eine wesentliche Stütze haben unsere theoretischen Anschauungen über die Bildung von Salzlagerstätten neuerdings durch die Anwendung physikalisch-chemischer Gesetze erhalten.

Die größten Wandlungen im Bereich der inneren Dynamik haben die Anschauungen über die geologische Bedeutung des Eises und der Gletscher durchgemacht. Wenn die geologische Wirksamkeit des Gletschereises erst sehr spät erkannt wurde, so lag dies daran, daß die nivalen Klimagebiete lange Zeit von den Menschen gemieden und gefürchtet waren. Vor Beginn des 19. Jahrhunderts wurden überhaupt kaum irgendwelche Gletscherbeobachtungen gesammelt. Eine Anzahl Schweizer Forscher haben es in der ersten Hälfte des 19. Jahrhunderts gewagt, die Gletscherwelt der Wissenschaft zugänglich zu machen. Bahnbrechend wirkte in dieser Hinsicht zunächst de Saussure, der ja auch als erster die Menschheit auf die Schönheiten der Alpenwelt hinwies. Venetz stellte in den zwanziger Jahren fest, daß Moränen auch weit unterhalb der jetzigen Gletscher vorhanden seien, daß die Gletscher also früher eine größere Ausdehnung besessen haben mußten. Venetz gab auch bereits eine ganz richtige Deutung der erratischen Blöcke Nordeuropas.

Von großer Bedeutung wurden ferner die Gletscherbeobachtungen von Charpentier und Agassiz in den dreißiger Jahren. Namentlich Agassiz verdanken wir sehr viele gute Beobachtungen an den Schweizer Gletschern. In seinen theoretischen Folgerungen war Agassiz allerdings wenig glücklich; so nahm er z. B. an, daß die Vereisung der Alpen älter sei als die Auffaltung dieses Gebirges. Auf seiner Befangenheit in der Katastrophentheorie beruht es wohl, wenn er der Vereisung eine viel allgemeinere Verbreitung zuschrieb, als sich aus den Beobachtungen belegen ließ. Etwas unbefangener und daher erfolgreicher war Charpentier, der die falschen Anschauungen von Agassiz größtenteils richtigstellen konnte. Bemerkenswert ist, daß den beiden Forschern die Erscheinung der Grundmoränenbildung vollkommen unbekannt blieb; erst später (1847) hat Martins die Bedeutung der Grundmoräne erkannt,

Durch die Erfolge der Schweizer Forscher wurde die Gletscherforschung in den vierziger Jahren des vorigen Jahrhunderts in ganz Europa gewissermaßen modern. Außer in der Schweiz erkannte man auch auf den Britischen Inseln und in Skandinavien bald die richtige Bedeutung der Glazialerscheinungen. Nur in Norddeutschland konnten die Glazialtheorien lange nicht zur Anerkennung kommen. Zwar hatten schon Esmarch (1824) und Bernhardi (1832) den richtigen Weg zur Erkenntnis der Herkunft des norddeutschen Erratikums gewiesen, aber dank der auch in dieser Frage hemmend wirkenden Autorität L. v. Buchs hielt die Mehrzahl der Geologen jener Zeit trotzdem daran fest, daß die nordischen Gesteine (als solche waren die Geschiebe schon länger richtig erkannt worden) durch irgendeine rätselhafte Flut über die Ostsee getragen worden seien. Auf diese uns jetzt ganz phantastisch anmutende Ansicht deutet noch jetzt der Name „Diluvium" hin; sie wurde im Laufe der ersten Hälfte des vorigen Jahrhunderts verdrängt durch die etwas vernünftigere Drifttheorie, die zuerst (1802) von Wrede aufgestellt worden war und die auch von Lyell verteidigt wurde. Diese Drifttheorie nahm an, daß die nordischen Gesteine durch schwimmende Eisberge über die meerbedeckte norddeutsche Tiefebene getragen worden seien. Bis in die siebziger Jahre hinein erhielt sich diese Drifttheorie in Norddeutschland, und erst den Bemühungen der Skandinavier Kjerulf und Torell ist es zu verdanken, daß die moderne Glazialtheorie schließlich auch von den norddeutschen Geologen angenommen wurde. In Bayern, wo man den alpinen Gletschern näher war, hatte man sich schon früher zur richtigen Ansicht bekannt.

In anderen Ländern hatte die Glazialforschung inzwischen weitere Fortschritte gemacht. In Schottland war Ramsay (1854) der Nachweis zweier aufeinander folgender Vereisungsperioden geglückt; in der Schweiz setzte sich Heer für die Annahme von Interglazialzeiten ein. Auch in älteren erdgeschichtlichen Formationen suchte man nach Glazialspuren; zuerst sprach Ramsay (1854) einige permische Trümmergesteine Großbritanniens als Glazialgebilde an. Dies erwies sich zwar als trügerisch, man kannte damals noch nicht die besonderen Bedingungen der Sedimentation in Trockengebieten; jedoch erkannte kurze Zeit darauf (1856) Blanford in Indien das permische Talchir-Konglomerat als echte Moränenbildung. In den siebziger und achtziger Jahren mehrten sich die Beobachtungen über permische Vereisungen auf der Südhalbkugel, und in den letzten Jahrzehnten ist es gelungen, auch in einigen noch älteren Formationen in verschiedenen Erdteilen Glazialspuren nachzuweisen, die allerdings noch nicht in jedem Falle über alle Zweifel erhaben sind.

Schon gleich zu Beginn der wissenschaftlichen Beschäftigung mit Gletschern wurde die Frage der Gletscherbewegung erörtert. Man suchte die treibenden Kräfte zunächst in der Ausdehnung des in Gletscherspalten gefrierenden Wassers. In den vierziger Jahren wiesen Rendu und Forbes auf die plastischen Eigenschaften des Eises hin, sie verglichen das Strömen des Gletschereises mit dem Fließen eines Lavastromes. Diese Theorie gewann Anerkennung und wurde nach der theoretischen Seite hin ausgebaut, indem man die Plastizität auf die Regelation, später auch auf molekulare Translation zurückführte. Um die Erforschung der Gletscherbewegungen hat sich gegen Ende des 19. Jahrhunderts namentlich Alb. Heim verdient gemacht. In den letzten Jahren hat H. Philipp eine neue Theorie der Gletscherbewegung aufgestellt, die manche bisher unklare Vorgänge des Gletscherphänomens in neuem Lichte erscheinen läßt.

Seitdem man von früheren Eiszeiten wußte, wurde die Frage nach der Ursache dieser Eiszeiten viel erörtert. Agassiz ging dieser Frage aus dem Wege, indem er die Vergletscherung zu den großen Erdkatastrophen Cuviers rechnete, die einfach unerklärlich waren oder keiner Erklärung bedurften. Charpentier fühlte das Bedürfnis nach einer Erklärung, kam aber zu einer recht phantastischen Theorie. Später wurden zahlreiche kosmische, physikalische, geographische und geologische Theorien zur Erklärung des Eiszeit aufgestellt. Viele, die sich auf diesem Gebiete versuchten, glaubten die richtige Lösung gefunden zu haben, allgemeine Anerkennung konnte aber bisher noch keine Eiszeittheorie gewinnen.

Viel weniger umstritten als die Frage der Glazialerscheinungen sind die Fragen der geologischen Wirksamkeit der Lebewesen. Das wichtige Problem der Kohlebildung wurde seit Anfang des 19. Jahrhunderts im allgemeinen gleichartig behandelt. Nur die Steinkohlen, die schon weitgehend umgewandelte, nur schwer erkennbare Pflanzenreste enthalten, gaben Anlaß zu einigen phantastischen Theorien. So betrachtete z. B. Kirwan zu Anfang des vorigen Jahrhunderts die Steinkohlen als Zersetzungsprodukte von Urgesteinen; Fuchs (1837) und Wagner (1844) waren der Ansicht, daß sich Kohlen auf anorganischem Wege im Boden aus Kohlensäure bilden können. Vogt (1802) und Buckland (1822) sahen in den Steinkohlen verdichtetes Erdöl, sie standen also genau auf dem umgekehrten Standpunkt wie manche heutigen Forscher, welche das Erdöl aus Kohlen oder kohleähnlichen Gesteinen ableiten wollen. Neben diesen verfehlten Ansichten finden wir aber stets auch die richtige Ansicht vertreten, zweifelhaft war nur längere Zeit, ob es sich um Meerestange oder Landpflanzen handelt; der exakte mikroskopische Nachweis von Pflanzenstrukturen in der Steinkohle wurde erst 1848 durch Göppert erbracht.

Auch die organische Herkunft des Erdöls wurde seit Anfang des 19. Jahrhunderts von den Geologen im allgemeinen richtig erkannt. Nur einige Chemiker (Bechtхold 1866, Mendelejeff 1877) machten den Versuch, die Erdölbildung durch anorganische Vorgänge zu erklären; ihre Theorien stimmten jedoch so wenig zum geologischen Befund, daß sie bei den Geologen keine Anerkennung fanden. Schließlich wurde die organische Herkunft des Erdöls durch die Untersuchungen Englers gegen Ende des 19. Jahrhunderts auch chemisch exakt belegt.

Die wichtige Rolle der Lebewesen bei der Kalksteinbildung war schon gegen die Mitte des vorigen Jahrhunderts richtig erkannt worden. Wesentlich waren dafür die Untersuchungen Ehrenbergs in den dreißiger Jahren, welche zeigten, daß die Kreide aus zahlreichen kleinen Organismenschalen besteht. Bischof beschäftigte sich um die Mitte des vorigen Jahrhunderts eingehend mit der Frage der Herkunft des von den Lebewesen ausgeschiedenen Kalks. Volger (1857) wies darauf hin, daß die Lebewesen des Meeres wahrscheinlich den im Meereswasser enthaltenen Gips in kohlensauren Kalk umwandeln. Die Fortschritte der Ozeanographie im letzten Viertel des 19. Jahrhunderts lehrten die Bedeutung des kalkabscheidenden Planktons kennen; dies führte vielleicht zu einer gewissen Übertreibung, man sah in allen Kalken nur noch organische Bildungen. In den letzten Jahren machte sich dagegen eine gewisse Reaktion geltend, man schenkt den Möglichkeiten der anorganischen Kalkbildung wieder größere Beachtung.

Zu den wichtigsten kalkbildenden Lebewesen gehören die Riffkorallen; sie mußten den Seefahrern schon frühzeitig auffallen. Förster stellte 1778 fest, daß die Riffkorallen auf warme Zonen beschränkt sind. Barrow machte 1806 die ersten Versuche, die Mächtigkeit der rezenten Riffkalke zu bestimmen. Quoy und Gaimard kamen 1818/20 zu dem Ergebnis, daß die Riffe nur flachgründige Gebilde seien. Steffens vermutet 1822 einen Zusammenhang zwischen Vulkanbergen und Atollbildung. Sehr große Beachtung fanden die Ergebnisse der Untersuchungen Darwins über Korallenriffe (1842); Darwin machte die Beobachtung, daß die Riffkorallen nur in flachem Wasser gedeihen. Trotzdem betrachtete er die Riffe als tiefgründige Bildungen, er erklärte ihre Entstehung durch die Annahme einer langsamen Senkung des Untergrundes. Diese Theorie hat bei den Geologen viel Anhang gefunden, namentlich, seit sie von Richthofen (1860) auf die triadischen Riffe der südtiroler Dolomiten übertragen worden war.

Allerdings blieb Darwins Theorie nicht unwidersprochen, besonders hatte sie unter den Ozeanographen (Murray, Agassiz) viele Gegner; diese wiesen auf jugendlich gehobene Korallenriffe hin, oder auf andere Riffe, die offenbar nur oberflächliche Gebilde sind. Eine gewisse Klärung brachte die von Davis (1897) ausgeführte Bohrung auf dem Atoll Funafati, welche nachwies, daß der Korallenkalk hier tatsächlich in größere Tiefe hinabreicht und in der Tiefe in Dolomit umgewandelt ist. Es ist damit nachgewiesen, daß Darwin zwar vielleicht nicht in allen, aber doch in manchen Fällen recht hat. Neuerdings sucht Daly der Annahme einer Senkung des Untergrundes dadurch aus dem Weg zu gehen, daß er die Riffmächtigkeiten durch das nacheiszeitliche Ansteigen des Meeresspiegels erklärt.

7. Versteinerungskunde.

Es wurde schon früher gezeigt, daß sich die Versteinerungskunde rascher entwickelt hat als die übrigen Teile der Geologie; sie war daher schon zu Anfang des vorigen Jahrhunderts verhältnismäßig hochstehend und konnte deshalb, wenigstens in allgemeinen Fragen, keine so großen Fortschritte mehr machen wie die übrigen Teilgebiete. In der Erweiterung der Einzelkenntnisse wurde allerdings auch in der Versteinerungskunde im letzten Jahrhundert ungeheuer viel geleistet, jedoch war man schon in den ersten Jahrzehnten des vorigen Jahrhunderts soweit, daß eine ganze Reihe von Sammelwerken verfaßt wurde, von denen manche, z. B. die Werke von Goldfuß, Sowerby, d'Orbigny u. a., noch heute großen wissenschaftlichen Wert besitzen.

In systematischer Hinsicht wurden nur bei wenigen Gruppen zu Anfang des vorigen Jahrhunderts noch grundsätzliche Fehler gemacht, die teils auf der Unzulänglichkeit der damaligen zoologischen Kenntnisse, teils auf den starken Abweichungen der fossilen Lebewesen von den heutigen Formen beruhen. So wurden z. B. die Foraminiferen zunächst zu den Cephalopoden (d'Orbigny) oder zu den Bryozoen (Ehrenberg) gerechnet. Die systematische Stellung der Schwämme war bis in das 3. Jahrzehnt des vorigen Jahrhunderts sowohl den Zoologen als auch den Paläontologen sehr zweifelhaft. Die paläontologische Schwammforschung wurde erst in den siebziger Jahren auf eine sichere Grundlage gestellt, als Zittel auf die Bedeutung der mikroskopischen Skeletelemente hinwies. Die Ammoniten teilte man ursprünglich nur nach dem Charakter der Lobenlinie in drei Gattungen, Goniatites, Ceratites und Ammonites ein; erst Ed. Sueß (1865) hat mit dieser Methode gebrochen und hat die ersten modernen Gattungsnamen in die Ammonitenkunde eingeführt. Bei den nicht minder mannigfaltigen, aber schwerer unterscheidbaren Belemniten hat dieselbe Entwicklung erst im 20. Jahrhundert eingesetzt.

Recht erhebliche Fortschritte machte die Erkenntnis der fossilen Wirbeltiere im Laufe der letzten 100 Jahre. So kennt man die Labyrinthodonten oder Stegocephalen erst seit den vierziger Jahren des vorigen Jahrhunderts; sie wurden aber zunächst durch H. v. Meyer für Reptilien erklärt. Erst einige Jahrzehnte später hat Cope ihnen die heutige Stellung im System zugewiesen. Wesentlich erweitert wurde auch unsere Kenntnis über das zeitliche Auftreten der verschiedenen Wirbeltierstämme. So wurde im Jahre 1860 durch den ersten Archaeopteryx-Fund nachgewiesen, daß die Vögel bis in die Jurazeit zurückreichen. Das Alter der Säugetiere wurde allmählich bis in die Triaszeit zurückgeschoben; 1857 entdeckte Emmons in Virginia das erste triadische Säugetier. Sehr wesentlich für die Beurteilung der stammesgeschichtlichen Entwicklung der Säugetiere wurde die Erforschung der frühtertiären Säugerfaunen des westlichen Nordamerikas durch Cope in den siebziger und achtziger Jahren.

Schließlich sei noch erwähnt, daß im Laufe des vorigen Jahrhunderts auch der Mensch in den Bereich der paläontologischen Forschung hereingezogen wurde. Schon in den ersten Jahrzehnten des vorigen Jahrhunderts hatte man menschliche Werkzeuge und auch Menschenknochen zusammen mit den Knochen ausgestorbener Säugetiere gefunden; jedoch hatte man in jener Zeit eine merkwürdige Abneigung gegen die Annahme, daß der Mensch schon zusammen mit vorweltlichen Tieren gelebt hätte. Zum Teil beruhte diese Abneigung auf religiösen Bedenken, wie sich aus den Äußerungen Bucklands ergibt, der sich redlich anstrengt, die eigentlich damals schon ziemlich zweifelsfreien Funde umzudeuten, um sie mit den geoffenbarten Überlieferungen in Einklang zu bringen. Erst in den fünfziger Jahren, als man in Südengland menschliche Werkzeuge zusammen mit Diluvialtieren unter einer dicken Kalksinterkruste gefunden hatte, konnte dieses Vorurteil überwunden werden; 1857 wurde im Neandertal der erste Schädel des Diluvialmenschen gefunden, welcher zeigte, daß jene ältesten Menschen auch körperlich vom heutigen Menschen verschieden waren. Durch die

Darwinsche Deszendenztheorie wurde die Frage nach der Herkunft und Entwicklung des Menschengeschlechts mächtig angeregt und auch, teilweise in recht unwissenschaftlicher Weise, in populären Schriften behandelt. Man suchte die Vorfahren des Menschen immer weiter in das Dunkel der Erdgeschichte zurückzuverfolgen; man hat auch in den letzten Jahrzehnten zahlreiche neue Funde menschlicher Überreste aus der Diluvialzeit gemacht, es ist jedoch bisher noch nicht gelungen, sichere menschliche Spuren in vordiluvialen Ablagerungen zu entdecken.

Auch die Pflanzenpaläontologie hatte zu Anfang des vorigen Jahrhunderts einige systematische Kinderkrankheiten zu überwinden, die allerdings nur auf einzelne Forscher beschränkt blieben. So sahen in den dreißiger Jahren die englischen Forscher Lindley und Hutton in den Karbonpflanzen Verwandte der Kakteen, der Euphorbien und anderer Dicotyledonen; die Mehrzahl der Forscher aber war schon damals auf dem richtigen Weg. Freilich erkannte man erst um die Jahrhundertwende, daß ein großer Teil der farnartigen Karbonpflanzen nach seinen Fortpflanzungsorganen gar nicht zu den Kryptogamen, sondern zu den Gymnospermen zu rechnen ist. Erst in den letzten Jahrzehnten wurde festgestellt, daß die typische Landflora des jüngeren Paläozoikums nur bis in das Oberdevon zurückreicht, und daß in der älteren Devonzeit eine Flora lebte, die überwiegend von einer ganz primitiven Pflanzengruppe, den Psilophytales gebildet wurde.

Die paläontologischen Untersuchungsmethoden haben in den letzten 100 Jahren nicht dieselben Fortschritte zu verzeichnen, wie etwa die petrographischen Methoden. Das Mikroskop wurde schon in den dreißiger Jahren der Versteinerungskunde dienstbar gemacht, Ehrenberg benützte es zur Untersuchung der organischen Bestandteile von Kalksteinen usw. und ungefähr gleichzeitig fertigten andere Forscher Dünnschliffe von verkieselten Hölzern an. Das Mikroskop bürgerte sich bei den Paläontologen rascher ein als bei den Petrographen und namentlich die Pflanzenpaläontologie hat ihm große Erfolge zu verdanken. Den mikroskopischen Methoden der Paläobotanik ist es zuzuschreiben, daß dieser Wissenszweig mehr von Botanikern als von Geologen gepflegt wurde; den Geologen fehlten meist die nötigen histologischen Kenntnisse, sie konnten sich daher nicht an dieses Gebiet heranwagen.

Als neue Untersuchungsmethode ist auch die Variationsstatistik zu werten, welche im letzten Jahrzehnt auf die Probleme der Paläontologie angewandt wurde. Sie wurde schon früher von Zoologen und Botanikern zur Lösung von Erblichkeitsfragen und zur Artenabgrenzung verwertet. Bei der Übertragung der Methode auf die Paläontologie hatte man ähnliche Absichten, doch haben kritische Untersuchungen gezeigt, daß man in dieser Hinsicht bei fossilem Material nur ganz beschränkte Ergebnisse erzielen kann; die Statistik ist für den Paläontologen im wesentlichen nur eine verbesserte und umfassendere Methode der Beschreibung.

In der theoretischen Verwertung des Beobachtungsstoffes haben sich im Laufe der Zeit einige Wandlungen vollzogen. Zu Anfang des vorigen Jahrhunderts war namentlich die Wirbeltierpaläontologie dank dem Wirken Cuviers ein Zweig der vergleichenden Anatomie und der Zoologie. Später trennte sich die Paläontologie von diesen biologischen Fächern, sie wurde in erster Linie von Geologen gepflegt, der Stratigraphie dienstbar gemacht, und entwickelte sich dadurch zu einer rein beschreibenden Wissenschaft, die Probleme des theoretischen Vergleichs und der biologischen Betrachtung traten zurück. In dieser Zeit, die den größten Teil des vorigen Jahrhunderts umfaßt, wurden zahlreiche Monographien verfaßt, die das Beobachtungsmaterial gewaltig vermehrten, aber in theoretischer Hinsicht wenig Fortschritte brachten. Nur die Paläontologie der Wirbeltiere und Pflanzen behielt etwas mehr Fühlung mit den biologischen Nachbarwissenschaften; von diesen Zweiggebieten ging auch schließlich die Reaktion gegen die rein beschreibenden Methoden aus.

In der Phytopaläontologie ist der Umschwung hauptsächlich der Tätigkeit Schenks in den achtziger Jahren zu verdanken. Etwas langsamer vollzog sich die Besserung auf paläozoologischem Gebiet. Hier hatte sich die von Cuvier übernommene vergleichende und biologische Betrachtungsweise bis etwa in die vierziger Jahre erhalten; in dem von Agassiz übersetzten erdgeschichtlichen Lehrbuch von Buckland (1836) finden sich noch zahlreiche Erörterungen über die Lebensweise der ausgestorbenen Tiere, die sich auf die Körperform derselben stützen und die unseren modernen Methoden nicht allzu fernstehen; allerdings sind die Ergebnisse zum Teil eigenartig, so wird z. B. angenommen, daß Pterodactylus ein schwimmendes, kein fliegendes Tier gewesen sei. Die vergleichende und biologische Forschungsweise wurde im letzten Viertel des vorigen Jahrhunderts wieder aufgenommen, zunächst durch die Wirbeltierpaläontologen Kowalewsky, Cope und Osborn. In bewußter und systematischer Weise haben sich schließlich Dollo und Abel der Paläobiologie angenommen, die neuerdings auch auf die wirbellosen Tiere übertragen wurde.

Von großem Einfluß auf die Entwicklung der Paläontologie war die Deszendenztheorie, die in den sechziger Jahren dank dem Wirken Darwins wissenschaftliche Anerkennung erlangte. In den vorhergehenden Jahrzehnten stand die paläontologische Forschung wenigstens offiziell unter dem Cuvierschen Dogma von der Unwandelbarkeit der Arten. Die Versteinerungen sprachen allerdings so sehr für den Entwicklungsgedanken, daß dieser mehr oder weniger unbewußt auch schon in der vordarwinschen Zeit lebendig war. So beobachtete Agassiz (1849) das Auftreten zahlreicher „Embryonaltypen" unter den fossilen Formen. Bronn verwirft zwar 1858 den eigentlichen Entwicklungsgedanken noch vollkommen, er glaubt aber an eine zielstrebige Entwicklung durch dauernde Neuschöpfungen; ein wesentlicher Fortschritt gegenüber Cuvier ist es, daß er, wohl unter dem Einfluß des Lyellschen Aktualitätsprinzips, die Neuschöpfungen nicht in bestimmte Katastrophenzeiten verlegt, sondern sie als einen stetig wirkenden Umwandlungsfaktor betrachtet, und zwar ist er der Ansicht, daß die Neuschöpfungen durch veränderte Existenzbedingungen notwendig gemacht wurden. Diese Gedanken kommen der Deszendenztheorie schon so nahe, daß es keineswegs erstaunlich ist, daß Bronn schon zwei Jahre später Darwins Werk ins Deutsche übersetzt und Darwins Gedanken voll und ganz anerkennt.

Es war natürlich, daß sich die Paläontologie von diesem Zeitpunkt an mit großem Eifer der stammesgeschichtlichen Forschung widmete; denn die beweisenden Urkunden für Darwins Theorie mußten ja in erster Linie unter dem fossilen Material gesucht werden. Die stammesgeschichtlichen Forschungen wurden zunächst etwas oberflächlich, später eingehender und kritischer betrieben; man erkannte z. B., daß manches, was man früher für echte Stammreihen gehalten hatte, in Wirklichkeit nur Stufenreihen sind, die mit dem fortlaufenden Stammbaum nur mittelbar verknüpft sind. Man war bestrebt, die systematische Anordnung der Formen nur auf genetische Gesichtspunkte zu begründen; man kam dadurch zu der Erkenntnis, daß manches, was man vorher als zusammengehörig betrachtet hatte, auf mehrere Wurzeln zurückging. Dadurch wurde der Gedanke der polyphyletischen Entwicklung wachgerufen, der am weitgehendsten von Steinmann verfochten wurde. Ein großer Teil der Ideen Steinmanns mußte zwar schließlich abgelehnt werden, nicht zum wenigsten infolge der stammesgeschichtlichen Folgerungen, welche sich aus den paläobiologischen Forschungsmethoden ergaben; der Gedanke der polyphyletischen Entwicklung an sich ist aber damit noch nicht erledigt, auch er wird weiter leben und in Zukunft noch Bedeutung gewinnen, wie jede andere geniale Theorie, die nur dann fehlerhaft wird, wenn man sie zu sehr verallgemeinert und zuviel mit ihr erklären will.

In der letzten Zeit beginnt die Paläontologie auch, sich der Frage zuzuwenden, ob die Änderung der Arten sprungweise oder stetig vor sich geht; diese Frage ist nicht nur stammesgeschichtlich interessant, sie besitzt auch erhebliche Bedeutung für manche Probleme der Stratigraphie und der Erdgeschichte überhaupt. Man sucht dieser Frage durch die obenerwähnten variationsstatistischen Methoden und zugleich durch eingehende biostratigraphische Untersuchungen beizukommen, ist jedoch bisher noch nicht zu endgültigen Ergebnissen gelangt; es ist sehr fraglich, ob diese Probleme mit Hilfe des toten Materials der Paläontologie überhaupt mit Sicherheit gelöst werden können.

8. **Formationskunde** (Stratigraphie).

Es wurde schon früher geschildert, wie William Smith zu Anfang des 19. Jahrhunderts zu der Erkenntnis kam, daß die Gesteinsschichten mit Hilfe der Leitfossilien gegliedert werden können. Damit war ein methodischer Erfolg errungen, der seitdem nicht mehr übertroffen wurde; nachdem diese Methode

Allgemeingut der Geologie geworden war, blieb es die wichtigste Aufgabe der Stratigraphie, Material zu sammeln und es auf Grund dieser paläontologischen Methode zu vergleichen. Mit der endgültigen Lösung dieser Aufgabe ist die Stratigraphie auch heute noch nicht ganz fertig geworden.

Es dauerte freilich einige Jahrzehnte, bis sich die neue Methode überall durchgesetzt hatte. Daraus und aus den Schwierigkeiten, welche sich aus den Lagerungsverhältnissen ergeben können, erklärt es sich, daß die Stratigraphie der verschiedenen Perioden sich nicht gleichmäßig vervollkommnete, sondern in einer Reihenfolge, die sich aus den Besonderheiten des geologischen Baues Mittel- und Westeuropas leicht erklärt. Die Reihenfolge ist ungefähr: Mesozoikum, Tertiär, Paläozoikum, Archäikum, Diluvium; die gefalteten Schichtenreihen wurden stets später aufgeklärt als die horizontal liegenden, die fossilarmen später als die fossilreichen, die in gleichmäßigen Schichten weit verbreiteten früher als die nur in zerstreuten Becken erhaltenen Gebilde.

Das in Mittel- und Westeuropa in weiten, wenig gestörten Schichten auftretende Mesozoikum machte der stratigraphischen Klärung am wenigsten Schwierigkeiten. Nur in den ersten beiden Jahrzehnten des vorigen Jahrhunderts bestanden größere Unklarheiten, die hauptsächlich darauf beruhten, daß man damals noch nach der Gesteinsbeschaffenheit zu gliedern versuchte und die paläontologische Methode noch nicht genügend verwendete; nur so ist es zu erklären, daß in jener Zeit Zweifel bestehen konnten über das gegenseitige Verhältnis der süddeutschen Trias (Buntsandstein und Muschelkalk) und der norddeutschen Dyas (Rotliegendes und Zechstein). Auf ähnlichen Mißverständnissen und außerdem auf mangelhafter Beobachtung der Lagerungsverhältnisse beruht es auch, wenn Keferstein noch 1825 den Jurakalk mit dem Kreidemergel gleichstellte. Aber noch in den zwanziger Jahren wurden diese Unsicherheiten im wesentlichen behoben.

Die Stratigraphie des Mesozoikums in Mittel- und Westeuropa war in ihren Grundzügen geklärt. Auszunehmen ist davon allerdings das alpine Mesozoikum, von dem nachher die Rede sein wird.

Mehr Schwierigkeiten als das Sekundärgebirge bereitete das Tertiär; solange man nur auf die Gesteinsbeschaffenheit achtete, kam man zu Ergebnissen, wie sie anfangs des vorigen Jahrhunderts üblich waren, daß man etwa die kalkigen Bildungen des Mainzer Beckens mit dem Pariser Grobkalk verwechselte. Die Schwierigkeiten der Tertiärstratigraphie wurden erst Anfang der dreißiger Jahre in Westeuropa durch die gemeinsame Arbeit von Lyell und Deshayes, in Deutschland unabhängig davon durch Bronn gelöst. Bronn erhielt seine Ergebnisse hauptsächlich durch Untersuchung der italienischen Tertiärschichten, die leichter gliederbar sind als das deutsche Tertiär.

Bronn und Deshayes bedienten sich zur Gliederung des Tertiärs ausschließlich der paläontologischen Methode, ihre Stufeneinteilung beruht auf dem zahlenmäßigen Verhältnis der lebenden und ausgestorbenen Formen in den verschiedenen Stufen. Man gelangte dadurch zu einer Gliederung, die noch heute angewandt wird und sich fast auf der ganzen Erde als brauchbar erwiesen hat. Freilich gilt diese Gliederung hauptsächlich für die marinen Tertiärschichten; in Gebieten, wo brackisches und limnisches Tertiär weit verbreitet ist, wie z. B. in Deutschland, blieben auch weiterhin noch manche Unklarheiten bestehen.

Die Erfolge, welche Bronn, Deshayes und Lyell mit der paläontologischen Gliederung des Tertiärs errungen hatten, brachten die bis dahin immer noch von manchen Forschern skeptisch betrachtete paläontologische Methode zur vollen Anerkennung; die Folge davon war ein beispielloser Aufschwung der stratigraphischen Forschung, die im 4. Jahrzehnt des vorigen Jahrhunderts Fortschritte erzielte, wie sie in keinem vorhergehenden oder nachfolgenden gleich großen Zeitraum wieder erreicht wurden. Die nächsten Schritte galten der näheren Erforschung und Gliederung des Paläozoikums. Die von

Werner als „Übergangsgebirge“ bezeichneten Schichten waren noch von Lyell in seinem 1833 erschienenen Werke in wenigen Seiten ganz kurz abgefertigt worden, da man von ihnen noch so gut wie nichts wußte. In seiner 1835/38 erschienenen „Lethaea geognostica“ behandelt Bronn das „Kohlengebirge“ zwar etwas eingehender als Lyell, seine Gliederungsversuche sind aber noch äußerst unsicher, im Gegensatz zu seiner in den Grundzügen schon durchaus modernen Gliederung des Meso- und Känozoikums; man kannte etwa bis in die Mitte der dreißiger Jahre vom „Übergangsgebirge“ nur Lokalbeschreibungen, keine zusammenfassenden und namentlich keine vergleichend-paläontologischen Untersuchungen.

Die moderne Stratigraphie des Paläozoikums nahm ebenso wie die Jurastratigraphie ihren Ausgang in England; Sedgwick und Murchison gliederten die paläozoischen Gebirge von England und Wales in Cambrium und Silur, mit einer Reihe von Unterstufen, die sie mit noch jetzt gebräuchlichen Lokalnamen (Wenlock, Arenig usw.) bezeichneten. Auch das Steinkohlengebirge und der Old red sandstone wurden in dem 1839 erschienenen ersten Hauptwerk Murchisons „The Silurian System“ eingehend geschildert. Die in Südwest-England auftretenden marinen Devonschichten wurden zunächst verkannt und wegen ihrer starken tektonischen Beanspruchung zum Cambrium gerechnet; erst Lonsdale erkannte 1839, daß es sich hier um eine besondere, jüngere Formation handelt.

In den vierziger Jahren begannen Murchison und Sedgwick, unterstützt von anderen Forschern, namentlich von de Verneuil, ihre Studien auch auf das Paläozoikum des europäischen Kontinents auszudehnen. Auch Deutschland wurde in ihre Untersuchungen einbezogen, sie gelangten jedoch hier nicht überall zu richtigen Ergebnissen, so stellten sie z. B. die im Rheinischen Schiefergebirge weitverbreiteten Trümmergesteine des Unterdevons zum Silur; die Klärung der Devonstratigraphie des Rheinischen Schiefergebirges ist hauptsächlich Ferd. Roemer (1844) zu verdanken.

In England entbrannte inzwischen ein heftiger Streit zwischen

Murchison und Sedgwick, der sich bis in die fünfziger Jahre hinzog; man konnte sich nicht über die Grenze von Cambrium und Silur einigen; Murchison wollte das Cambrium überhaupt nicht als eine vom Silur zu trennende, durch besondere Fauna ausgezeichnete Formation anerkennen. Der Kampf nahm äußerst heftige Formen an; Murchison hatte größeres Ansehen, die englische geologische Gesellschaft nahm in durchaus einseitiger Weise für ihn Partei, schließlich wurde aber doch, dank dem Eingreifen Lyells, das Cambrium als selbständiges System anerkannt, wenn auch nicht in der von Sedgwick vorgeschlagenen Umgrenzung, denn dieser hatte auch das ganze jetzige Untersilur noch zum Cambrium gerechnet. Auch dieser wissenschaftliche Zwist endete also schließlich mit einem Kompromiß, in dem keine von beiden Parteien ganz ihren Standpunkt behaupten konnte. Übrigens war der ganze Streit von vornherein, wenigstens teilweise, nur ein Streit um Worte und Namen gewesen; wenn auch die Kataklysmentheorie Cuviers damals schon als überwunden galt, so hielt man doch noch an der Idee fest, daß die Faunen zweier aufeinanderfolgender Formationen vollkommen scharf voneinander zu trennen seien, die Deszendenztheorie war noch nicht zur Anerkennung gelangt. Mit allmählichem Übergang und Umbildungen rechnete man wenig, und die eigentlichen cambrischen Schichten, die sich in ihrer Fauna von den Silurschichten tatsächlich beträchtlich unterscheiden, waren damals paläontologisch noch wenig durchforscht.

Ein ganz ähnlicher Streit wurde ungefähr in derselben Zeit mit ähnlichem Ausgang in Nordamerika ausgetragen; dort kämpfte Emmons um die Anerkennung des „Taconischen Systems", welches ungefähr mit Sedgwicks Cambrium übereinstimmte. Die Stratigraphie des Paläozoikums hatte sich in Amerika zeitlich ähnlich entwickelt wie in Europa; bis zu Ende der zwanziger Jahre herrschte noch vollkommene Unsicherheit; Eaton hatte sogar die paläozoischen Schichten westlich der Alleghanies wegen ihrer flachen Lagerung für Mesozoikum gehalten. Erst 1829 wurde durch Vanuxem festgestellt, daß diese Schichten trotz ihrer flachen Lagerung dem europäischen „Übergangsgebirge" gleichzustellen sind. In den folgenden Jahren machte die stratigraphische Gliederung des ostamerikanischen Paläozoikums große Fortschritte; es war ja infolge der einfacheren Lagerungsverhältnisse hier viel leichter, Klarheit zu gewinnen, als in Westeuropa. Die einzelnen Stufen bezeichnete man mit Lokalnamen, die größtenteils noch jetzt üblich sind. Die Beziehungen zum europäischen Paläozoikum wurden erst 1846 durch eine Reise de Verneuils geklärt.

Am Ende des 4. Jahrzehnts standen die Grundzüge des heutigen stratigraphischen Schemas bereits fest; dies kommt auch darin zum Ausdruck, daß Phillips 1841 die Dreiteilung der Formationsreihe in Paläo-, Meso- und Känozoikum zum Vorschlag brachte. Als weitere Aufgabe blieb die Einzelgliederung der verschiedenen Formationen, mit der sich in den folgenden Jahrzehnten zahlreiche Forscher beschäftigten; ferner war noch die stratigraphische Stellung der Schichtglieder mancher Kettengebirge, namentlich der Alpen, zu klären; auch das kristalline Grundgebirge und das Diluvium warteten noch einer stratigraphischen Gliederung.

Bis in die Mitte des vorigen Jahrhunderts war die stratigraphische Stellung des sog. Alpenkalks ein ungelöstes Problem. Von den älteren Geologen war der Alpenkalk meist zum Zechstein gestellt worden; man verglich wohl die Alpen unbewußt oder bewußt mit dem den Geologen Wernerscher Schule wohl bekannten Thüringer Wald und fand eine gewisse Übereinstimmung in den Lagerungsbeziehungen von Zechstein und Alpenkalk zum „Grundgebirge". Erst in den dreißiger Jahren wurden fossilführende Schichten im Alpenkalk bekannt; namentlich die Schichten von St. Cassian haben in der Folgezeit für die Beurteilung des Alpenkalks eine große Rolle gespielt. Die erste paläontologische Bearbeitung der Cassianer Schichten durch den Grafen zu Münster hatten stratigraphisch kein sicheres Ergebnis. In den vierziger Jahren wurden die Cassianer Schichten und andere fossilführende Horizonte des Alpenkalkes von zahlreichen Forschern untersucht, die stratigraphischen Ergebnisse blieben aber zunächst äußerst widerspruchsvoll; so kam Klipstein (1843) zu dem Ergebnis, daß es sich um Juraschichten handle, Quenstedt (1845) verglich die Alpenkalkfossilien mit Kreidevorkommen. Bronn hatte allerdings schon im gleichen Jahre in einer Kritik an Klipsteins Arbeit festgestellt, daß die Cassianer Schichten am wahrscheinlichsten zur Trias zu rechnen seien. Endgültige Klärung brachten erst im nächsten Jahrzehnt die um diese Zeit einsetzenden Untersuchungen der österreichischen k. u. k. geol. Reichsanstalt, das triadische Alter des größten Teils des Alpenkalkes wurde bestätigt.

Ähnliche, wenn auch nicht ganz so bedeutende Schwierigkeiten bereitete die Gliederung des übrigen alpinen Mesozoikums, namentlich der Kreide; auch die Stellung des eozänen Nummulitenkalkes blieb längere Zeit unklar. Alle diese Fragen wurden in der zweiten Hälfte des vorigen Jahrhunderts einigermaßen geklärt.

Um das kristalline Grundgebirge hatte sich die Stratigraphie in der ersten Hälfte des vorigen Jahrhunderts kaum bekümmert. Erst als Logan 1854 in Kanada ein angebliches Fossil, das Eozoon canadense, im Grundgebirge entdeckte, wandte man auch dieser Schichtengruppe größere Beachtung zu. Das Eozoon entpuppte sich allerdings später als anorganisches Gebilde, aber das stratigraphische Interesse an diesen früher für ungliederbar gehaltenen Schichten war damit geweckt. Logan selbst gab in den sechziger Jahren eine erste Gliederung der archäischen Schichten Kanadas, die natürlich ausschließlich auf der Gesteinsbeschaffenheit beruhte. Ungefähr in dieselbe Zeit fallen Gümbels Untersuchungen über das Archäikum des ostbayerischen Grenzgebirges. In späteren Jahrzehnten folgten weitere Gliederungsversuche in anderen Gebieten; namentlich in Skandinavien und Finnland hatte man gute Erfolge mit einer Gliederung, die hauptsächlich auf den Diskordanzen zwischen den verschiedenen Stufen beruht. Bei einer ganzen Reihe von Gesteinsserien, die man früher zum Urgebirge gerechnet hatte, mußte man bei fortschreitender Kenntnis des Gebirgsbaues feststellen, daß es sich um Gesteine jüngeren Alters handelt, die nachträglich metamorphosiert wurden. 1892 hat van Hise das Algonkium vom Archäikum abgetrennt und es als besondere Formation zwischen Kambrium und Archäikum eingeschoben; dieses Algonkium wurde inzwischen an vielen Punkten der Erde aufgefunden und hat sich mit der Zeit auch als fossilführend erwiesen.

Die letzte Formation, welche einer eingehenden Gliederung gewürdigt wurde, ist das Diluvium. Natürlich waren die Diluvialschichten schon den Geologen zu Anfang des 19. Jahrhunderts bekannt, sie wurden auch in der Regel von den nächst älteren Tertiärschichten abgetrennt und als etwas besonderes behandelt. Eine Gliederung wurde jedoch nicht versucht, man war namentlich zu Anfang des vorigen Jahrhunderts der

Meinung, daß man es mit den wirren Ablagerungen der letzten großen Weltkatastrophe, der Sintflut, zu tun habe; dies drückt sich schon in der Bezeichnung „Diluvium" und noch deutlicher in dem Namen „Clysmien" aus, mit dem Al. Brongniart (1829) diese jüngsten Ablagerungen bezeichnete. Man rechnete dazu auch oberflächliche Ablagerungen, denen wir jetzt ein größeres Alter zuschreiben, z. B. die Bohnerze.

Eine Gliederung des Diluviums war erst möglich, als man die Bildungsbedingungen der Diluvialschichten erkannt hatte und mit den Glazialerscheinungen näher vertraut geworden war. Wie in einem früheren Abschnitt geschildert wurde, erreichte man dieses Stadium namentlich in Deutschland erst in den siebziger Jahren; so fällt die Entwicklung der Diluvialstratigraphie erst in das letzte Viertel des vorigen Jahrhunderts.

Von großer Bedeutung für die moderne Stratigraphie sind die Fazieserscheinungen; ihre Kenntnis hat sich erst im Laufe des vorigen Jahrhunderts entwickelt; zu Werners Zeiten waren sie unbekannt. Werner nahm an, daß zu gleichen Zeiten auf der ganzen Erde gleichartige Gesteine gebildet worden seien. Man erkennt daraus, wie wenig die Wernersche Geologie sich mit den heutigen gesteinsbildenden Vorgängen beschäftigte und wie wenig sie dieselben zur Erklärung der fossilen Schichten benützte; denn ein kurzer Blick auf die heute noch andauernden gesteinsbildenden Vorgänge lehrt ja schon, daß die Wernersche Annahme ganz unmöglich ist. Nun wurde freilich die Unrichtigkeit dieser Annahme Werners schon durch die Beobachtungen A. von Humboldts in Südamerika erwiesen; aber Klarheit über die Erscheinungen, die wir jetzt als „Faziesverschiedenheiten" bezeichnen, wurde damit noch nicht geschaffen. Dazu gelangte man erst, als durch von Hoff und Lyell das Aktualitätsprinzip in die Geologie eingeführt worden war, also in den dreißiger Jahren.

Daß die Zeit damals für die Klärung des Faziesbegriffes reif geworden war, ergibt sich daraus, daß unabhängig voneinander um die Wende des 4. und 5. Jahrzehntes zwei Forscher auf ganz verschiedenen Wegen zur Erkenntnis der Fazieserscheinungen gelangten. Greßly veröffentlichte 1838/41 die Ergebnisse seiner praktischen

Untersuchungen im Schweizer Jura, die ihm zahlreiche Faziesverschiedenheiten gezeigt hatten und auch erwiesen hatten, daß die fossilen Faunen von der Gesteinsfazies stark beeinflußt werden. Um dieselbe Zeit (1837) veröffentlichte C. Prévost die Ergebnisse seiner rein deduktiven Überlegungen, die ihn zu der Erkenntnis der Notwendigkeit von Faziesunterschieden geführt hatten. Die neue Erkenntnis fand bald ihre praktische Anwendung bei stratigraphischen Arbeiten; ohne sie wären die oben beschriebenen, im 5. Jahrzehnt einsetzenden vergleichenden Studien über die Stratigraphie des Paläozoikums und des alpinen Mesozoikums sicher erfolglos gewesen. So aber konnte beispielsweise Ferd. Roemer schon 1844 die Lenneschiefer trotz ihrer abweichenden Fazies als Äquivalente des Mitteldevons erkennen. Es ist nicht erstaunlich, daß die neue Faziestheorie von manchen Forschern jener Zeit in ihrer Bedeutung überschätzt wurde, so daß Dumont (1848) in übergroßer Skepsis annahm, daß wegen der stets auf der Erdoberfläche vorhandenen tier- und pflanzengeographischen Reiche und wegen der Abhängigkeit des Fossilinhalts von der Fazies ein stratigraphischer Vergleich überhaupt unmöglich sei. Jene Zeit der aufblühenden Stratigraphie nahm auf derartige Skeptiker keine große Rücksicht; aber die kritisch-theoretische Periode, in welche die Geologie in den letzten Jahren eingetreten ist, hat diese Probleme wieder aufgegriffen und ist teilweise zu Ergebnissen gekommen, die für die Beurteilung der Grundlagen der ganzen Stratigraphie nicht gerade sehr günstig sind.

Nachdem die Grundzüge der Formationsgliederung um die Mitte des vorigen Jahrhunderts, teilweise sogar schon einige Jahrzehnte vorher, geklärt waren, blieb der stratigraphischen Forschung in der Folgezeit nichts mehr zu tun übrig, als die Untergliederung mit Hilfe der paläontologischen Methode immer weiter zu verfeinern und zu vervollkommnen. Man suchte die zuerst bei der Juraformation angewandte Gliederung nach Ammonitenzonen auch auf andere Formationen mit mehr oder weniger großem Erfolge anzuwenden. Man beschäftigte sich auch mit der Theorie der Zonengliederung, erörterte ihre Ursachen und suchte herauszufinden, ob sie irgendwie als rhythmische Erscheinungen zu betrachten seien, ob man ihnen also einen gewissen zeitlichen Wert beimessen dürfe oder nicht. Diese Fragen der „Biostratigraphie", wie Wedekind diesen Wissenszweig genannt hat, stehen in innigem Zusammenhang mit den Fragen der stammesgeschichtlichen Entwicklung der Lebewesen, sie stehen heute noch im Mittelpunkt der Erörterungen.

Ferner suchte man neuerdings auch den Problemen der anorganischen rhythmischen Erscheinungen in verschiedenen Schichtprofilen, den sog. Sedimentationszyklen, näherzukommen; auch hier konnte man bisher nur Tatsachen beobachten, in der Erklärung ist man noch nicht über mehr oder weniger unbewiesene Hypothesen hinausgekommen.

9. Erdgeschichte.

Das Hauptziel der jetzigen wissenschaftlichen Geologie ist die Erforschung der Erdgeschichte. In den ersten Jahrzehnten des vorigen Jahrhunderts, als die wissenschaftliche Geologie ihren Aufstieg begann, spielte das historische Ziel noch nicht dieselbe Rolle wie jetzt; solange der jetzige Zustand und Aufbau der Erdrinde noch zu wenig bekannt war, konnte man sich noch nicht an die Ermittlung der früheren Zustände heranwagen. Unbekannt war das historische Endziel aber auch schon damals nicht. Die Geologie entwickelte sich in dieser Hinsicht anders als die biologischen Naturwissenschaften, die bis zum Auftreten Darwins tatsächlich rein beschreibend waren. Die Geologie dagegen verlor das historische Ziel nie ganz aus dem Auge. Sie verdankt dies dem Umstand, daß sie sich aus zwei Wurzeln entwickelt hat, von denen eine ausgesprochen historischen Charakter hatte, nämlich das Streben nach der Erklärung der Entstehung der Erde, nach der Aufstellung von Kosmogonien. Wenn die wissenschaftliche Geologie ihre Haupterfolge auch der anderen, aus dem Bergbau entspringenden Wurzel, der scharfen Naturbeobachtung, verdankte, so blieb doch der kosmogonistische Einschlag in der Geologie lange Zeit lebendig und dadurch war die Geologie schon traditionsmäßig stets etwas historisch eingestellt.

Man muß dabei allerdings beachten, daß die Kosmogonien an sich mit dem, was wir jetzt Erdgeschichte nennen, nur lose Berührungspunkte besitzen. Lyell weist schon darauf hin, daß die Frage nach der Entstehung der Erde viel Verwirrung angerichtet hat und den Fortschritt der Geologie gehemmt hat; eine streng wissenschaftliche Geologie entwickelte sich erst, als man sich entschlossen von der Aufstellung von Kosmogonien abwendete und sich auf die Beobachtung und die Erklärung der beobachteten Tatsachen beschränkte. Lyell betrachtete Hutton als den Vater dieser Umkehr; wir könnten mit gleichem Recht Werner dieses Verdienst zuschreiben.

Im Zeitalter des Sammelns und Ordnens, welches auf diesen Umschwung folgte, und welches den größten Teil des 19. Jahrhunderts einnahm, wurde die historische Betrachtungsweise natürlich etwas zurückgedrängt. Auch die Stratigraphie, welche an sich doch so große Berührungspunkte mit der Erdgeschichte besitzt, war in dieser Zeit rein beschreibend, sie schildert Gesteine und Schichtenfolgen, keine erdgeschichtlichen Vorgänge. Recht bezeichnend ist es, daß in dieser Zeit die geologische Formationsreihe öfters in der Weise dargestellt wurde, daß mit der jüngsten Formation begonnen und mit der ältesten geschlossen wurde; wenn man nur Schichten beschreibt, ist dies ganz zweckmäßig, wenn man dagegen aus den Schichtreihen Vorgänge ableiten will, die sich nacheinander abspielten und die miteinander zusammenhängen, so ist der jetzt allgemein übliche Beginn der Schilderung mit den ältesten Formationen der einzig mögliche. Wie fernliegend noch zu Beginn der zweiten Hälfte des vorigen Jahrhunderts vielen Forschern die Beziehungen zwischen Erdgeschichte und Stratigraphie waren, ergibt sich daraus, daß Naumann (1862) es eine „eigentümliche Abstraktion" nennt, wenn Deshayes die Formationen als Zeitbegriffe auffaßte.

Trotz dieser rein beschreibenden, unhistorischen Behandlung der Stratigraphie ist aber auch in jener Zeit die historische

Betrachtungsweise zum mindesten theoretisch niemals ganz verschwunden. Trotz seiner Ablehnung gegenüber der Auffassung der „Formationen" als Zeitbegriffe verteidigte Naumann die progressive Anordnung der Formationen, weil diese mit dem geschichtlichen Ablauf der Bildungsvorgänge übereinstimme; und wenn derselbe Forscher in seiner „Formationslehre" auch rein beschreibend bleibt, so weist er doch in einem einleitenden Absatz darauf hin, daß die Formationslehre zugleich als eine allgemeine Entwicklungsgeschichte der äußeren Erdkruste zu betrachten sei. Auch Lyell definiert in der Einleitung zu seinen „Principles" die Geologie durchaus als eine historische Wissenschaft. Ebenso ist Cuviers Kataklysmenlehre eine dem Wissen jener Zeit entsprechende erdgeschichtliche Theorie, und Elie de Beaumonts Methode zur Ermittelung des Alters der Faltengebirge ist eine bewußt historische Methode, die nur Sinn hatte, wenn man nicht nur den jetzigen Zustand beschreiben, sondern auch seine geschichtliche Entwicklung ermitteln wollte.

So sehen wir, daß dauernd Versuche zur historischen Betrachtungsweise gemacht wurden; Cotta (1867) strebt sogar bereits danach, „Entwicklungsgesetze der Erde" zu ermitteln. Aber bis in die letzten Jahrzehnte des vorigen Jahrhunderts hinein mußten diese Versuche sich mit geringen Erfolgen zufriedengeben, da das Beobachtungsmaterial noch zu mangelhaft war. Die historische Gesamtbetrachtung konnte erst wieder richtig zur Geltung kommen, als die ganze Wissenschaft aus dem Zeitalter des Sammelns und Ordnens in das Zeitalter der Komposition eingetreten war, ein Zeitpunkt, der am besten gekennzeichnet ist durch das Erscheinen von Sueß „Antlitz der Erde."

Während man vorher nur theoretisch die Erdgeschichte als Ziel der Forschung betrachtete, sich aber praktisch auf die reine Beschreibung beschränkte, so begann man nun bewußt auf das historische Ziel hinzuarbeiten, und zwar auch in Einzelheiten. Es bedurfte dazu besonderer Methoden, die zum ersten Male durch Joh. Walther in seiner „Einleitung in die Geologie als historische Wissenschaft“ (1893/4) zusammenfassend dargestellt wurden und die inzwischen noch durch zahlreiche Einzelarbeiten weiter entwickelt wurden. Bald entstanden auch Gesamtdarstellungen des historisch-geologischen Wissens, welche nicht mehr beschreibende „Formationslehren“, sondern ausgesprochen geschichtliche Schilderungen sind, so Kokens „Vorwelt und ihre Entwicklungsgeschichte“ (1893), Neumayrs „Erdgeschichte“ (2. Bd., 1895) und Walthers „Geschichte der Erde und des Lebens“ (1908). Ein Abschluß in dieser Entwicklung ist noch nicht erreicht.

Ähnlich wie die historische Behandlungsweise der Geologie im allgemeinen haben sich auch diejenigen Wissenszweige entwickelt, die man als Teilgebiete der Erdgeschichte betrachten kann, die Paläogeographie, die Paläoklimatologie und die geologische Zeitmessung.

Mit paläogeographischen Fragen beschäftigte man sich, seit es überhaupt eine wissenschaftliche Geologie gab; als unbewußte paläogeographische Feststellung ist es ja schon zu werten, wenn man zu der Erkenntnis gelangte, daß irgendein auf dem Festland vorkommendes Sedimentgestein eine Meeresbildung ist. Von derartigen allgemeinen Beobachtungen bis zu bewußten paläogeographischen Studien ist freilich noch ein weiter Schritt; die bewußte Paläogeographie entwickelte sich erst in den letzten Jahrzehnten des vergangenen Jahrhunderts. Der Name „Paläogeographie“ wird zuerst 1872 von T. Sterry Hunt in einem Aufsatz „The Palaeogeography of the North American continent“ gebraucht.

Paläogeographische Studien fanden ihren deutlichsten Ausdruck in paläogeographischen Karten; solche Karten tauchten vereinzelt schon in den dreißiger Jahren des vorigen Jahrhunderts auf, in den fünfziger und sechziger Jahren kommen sie etwas mehr in Aufnahme, häufig werden sie aber erst gegen Ende des Jahrhunderts, gleichzeitig mit der Entwicklung der Paläogeographie im allgemeinen,

Als den Vater der modernen Paläogeographie darf man Eduard Sueß bezeichnen; obwohl sein Hauptwerk, das „Antlitz der Erde", nicht unmittelbar paläogeographische Ziele verfolgt, so werden doch überall paläogeographische Fragen gestreift, und aus der Anregung, welche dieses gewaltige Werk gegeben hat, entwickelte sich auch die moderne Paläogeographie, deren Methoden im 20. Jahrhundert von E. Dacqué gesondert dargestellt und kritisch behandelt wurden.

Paläogeographische Betrachtungen mußten sich dem Geologen von selbst aufdrängen, sobald man den marinen Ursprung vieler Sedimentgesteine erkannt hatte; die weite Verbreitung derartiger Gesteine läßt gar keine anderen Schlüsse zu, als daß die Küstenlinien früher anders gewesen sein müssen als jetzt. Viel weniger leicht gelangt man zu der Erkenntnis, daß in früheren Abschnitten der Erdgeschichte die Klimaverteilung anders gewesen sein muß als jetzt; man könnte auch annehmen, daß das Klima immer gleich geblieben sei, ohne bei oberflächlicher Betrachtung der geologischen Urkunden sofort auf schroffen Widerspruch zu stoßen. Trotzdem kam die geologische Forschung schon ziemlich früh auf die Vermutung, daß der Ablauf der Erdgeschichte mit Klimawechsel verbunden gewesen sei; so schließt Parkinson schon 1804 aus fossilen Pflanzen auf wärmeres Vorzeitklima, und Al. Brongniart kommt 1806 zu ähnlichen Ergebnissen auf Grund von fossilen Insekten.

Es ist bemerkenswert, daß man zunächst nur dem wärmeren Vorzeitklima Beachtung schenkte, obwohl an sich die diluviale Eiszeit in Europa viel deutlichere Spuren zurückgelassen hat als das wärmere Klima weiter zurückliegender Epochen. Die geologische Forschung war bei ihren ersten paläoklimatischen Überlegungen entschieden theoretisch beeinflußt durch die Kant-Laplacesche Theorie vom glutflüssigen Ursprung des Erdballes, durch Huttons Theorie vom warmen Erdinnern und ähnliche Überlegungen. Bis in die letzten Jahrzehnte des vorigen Jahrhunderts hinein rechnete man mit einem gleichmäßig warmen Vorzeitklima, das wesentlich auf der inneren Erdwärme beruhte und das erst allmählich im Laufe der Erdgeschichte infolge zunehmender Abkühlung des Erdinnern durch das jetzige, solare Klima verdrängt wurde.

Freilich wurde der Zeitpunkt, bis zu dem die innere Erdwärme die ganze Erdoberfläche gleichmäßig erwärmen konnte, immer weiter zurückgerückt. Die Klimagürtel der Kreidezeit wurden schon 1852 von Ferd. Roemer festgestellt; und noch in den letzten Jahren desselben Jahrzehntes wurde Marcou durch die eigenartige Verteilung der Jurafaunen zu der Erkenntnis gebracht, daß auch in der Jurazeit schon eine klimatische Zonengliederung vorhanden gewesen sein müsse. Eingehend begründet und ausgebaut wurde die Lehre von den klimatisch bedingten Juraprovinzen in den achtziger Jahren durch M. Neumayr.

Die größten Umwälzungen in den Anschauungen über die erdgeschichtliche Entwicklung des Klimas bedingte aber die Entdeckung der jungpaläozoischen Vereisung auf der Südhalbkugel. Wie schon oben geschildert wurde, fallen diese Entdeckungen in die zweite Hälfte des vorigen Jahrhunderts. Damit war die Theorie vom Einfluß der inneren Erdwärme auf das Vorzeitklima für den größten Teil der Erdgeschichte erledigt. Der Nachweis noch älterer, präkambrischer Vereisungen zeigte dann schließlich in den letzten Jahrzehnten, daß die innere Erdwärme schon während des ganzen stratigraphisch belegbaren und bekannten Teiles der Erdgeschichte klimatisch vollkommen bedeutungslos war. Daß dies so sein mußte, ist neuerdings auch theoretisch auf Grund der Wärmeleitfähigkeit der Gesteine nachgewiesen worden.

Die Methoden der paläoklimatischen Forschung haben in den letzten Jahrzehnten große Fortschritte gemacht. Während man früher, abgesehen von den Vergletscherungsspuren, hauptsächlich die Tier- und Pflanzenwelt der Vorzeit klimatisch auszuwerten suchte, ist man jetzt dazu übergegangen, das Klima der Vorzeit auf Grund von anorganischen Vorgängen, namentlich Verwitterungserscheinungen und Salzbildung, zu beurteilen; man hat dadurch eine viel sicherere Basis gewonne, denn die Tier- und Pflanzenwelt ist wegen ihrer großen Anpassungsfähigkeit zur Beurteilung des Klimas schlecht geeignet.

Während man auf diese Weise sich langsam über den Klimawechsel im Laufe der Erdgeschichte Klarheit verschaffen konnte, ist es bisher noch fast ganz aussichtslos, den Ursachen des Klimawechsels nachzuspüren. Erklärungsversuche wurden zwar schon zu Anfang des vorigen Jahrhunderts gemacht, jedoch sind wir in dieser Hinsicht über unklare Vermutungen noch nicht hinausgekommen.

Zu den ungelösten Problemen der Erdgeschichte gehört auch die Frage der geologischen Zeitmessung. Diese Frage ist so alt wie die Geologie selbst. Sobald man sich von den Jahreszahlen des mosaischen Schöpfungsberichtes losgemacht hatte, mußte die Frage auftauchen, welche Zeit vergangen ist, seit die Erde ein bewohnbarer Weltkörper geworden ist. Schon Buffon berechnete 1778 auf Grund von Versuchen mit Metallschmelzen das Erdalter auf 74800 Jahre. Bald darauf (1789) wies Hutton darauf hin, daß man für die Erdgeschichte gewaltige Zeiträume annehmen müsse und daß man diese Zeiträume nicht unterschätzen dürfe, aber er wagte sich nicht an zahlenmäßige Schätzungen heran. Erst fast 100 Jahre später (1862) machte Lord Kelvin wieder ähnliche Berechnungen wie Buffon; seine Grundlagen sind etwas besser, er kommt daher zu einer weit höheren, wahrscheinlicheren Zahl (100 Millionen Jahre). Andere Forscher haben in der Folgezeit diese Beobachtungen nachzuprüfen und zu verbessern gesucht. Die Entdeckung der wärmeerzeugenden Eigenschaften radioaktiver Stoffe hat jedoch um die Jahrhundertwende dargetan, daß alle diese Berechnungen vollkommen zwecklos sind, oder daß sie höchstens Minimalzahlen angeben können.

Während so die Radiumforschung auf der einen Seite die früheren Methoden zur Berechnung des Erdalters umstürzte, gab sie der Geologie andererseits ein neues, besseres Mittel für denselben Zweck in die Hand. Seit zwei Jahrzehnten wurden zahlreiche Versuche gemacht, um auf Grund des Gehaltes mancher Mineralien an Zerfallsprodukten von Radiumstoffen das Alter dieser Mineralien zu berechnen. Diese Methode hat scheinbar recht gute Ergebnisse gehabt; es ist dies bisher die einzige Methode der geologischen Zeitmessung, welche uns gestattet, die Größenordnung größerer geologischer Zeiträume zu beurteilen. Freilich ist auch diese Methode noch keineswegs über alle Zweifel erhaben.

Der sicherste Weg zu einer exakten geologischen Zeitmessung wäre es wohl, wenn es gelänge, astronomisch berechenbare kosmische Ereignisse mit geologisch feststellbaren Ereignissen in Zusammenhang zu bringen. Diese Methode konnte frühestens in der zweiten Hälfte des 19. Jahrhunderts zur Anwendung kommen, da man vorher über die Einzelheiten erdgeschichtlicher Vorgänge noch zu wenig unterrichtet war. Es wurde von diesem Zeitpunkt an auch mehrfach eine derartige Parallelisierung versucht. In den sechziger bis achtziger Jahren des vorigen Jahrhunderts wollten Croll und Adhemar die Eiszeiten mit der Präzession des Frühlingspunktes und den Exzentrizitätsschwankungen der Erdbahn in Verbindung bringen. In ähnlicher Weise wollte in den achtziger Jahren Mayer-Eymar einen Zusammenhang zwischen dem Perihelwechsel und den großen Transgressionen errechnen; er gelangte auf diese Weise zu recht mangelhaften Zahlen, die vermutlich zu klein sind. In den neunziger Jahren griff Blytt diese Methode wieder auf; er suchte sie zu verbessern und wollte namentlich die Gebirgsbildungserscheinungen mit kosmischen Vorgängen in Parallele setzen. Alle diese Versuche sind aber bisher ziemlich erfolglos geblieben.

Schließlich gibt es noch rein geologische Methoden der Zeitmessung; sie beruhen hauptsächlich auf der Dauer von Erosions- und Sedimentationsvorgängen. Schon Cuvier hat zu Anfang des vorigen Jahrhunderts versucht, die Mächtigkeit gewisser Flußanschwemmungen zu Zeitberechnungen zu verwerten. Ein sehr beliebtes und im Laufe des vorigen Jahrhunderts seit Lyell häufig verwandtes Objekt für derartige Berechnungen ist die Schlucht des Niagarafalles; man kam aber zu ganz verschiedenen Ergebnissen.

Das Alter der Postglazialzeit, dieses jüngsten Abschnittes der Erdgeschichte, hat man nun allerdings in den letzten Jahren dennoch einigermaßen sicher zu beurteilen gelernt, und zwar auf Grund einer äußerst geistvollen Methode, welche von dem schwedischen Forscher de Geer ausgearbeitet wurde. Sie beruht auf der Zählung der Jahresringe in Bändertonen. Noch einige andere Methoden zur Messung bestimmter Teile der Erdgeschichte wurden in den letzten Jahrzehnten erörtert. Dies alles ist jedoch nur Stückwerk, es vermag uns niemals ein Urteil über die Gesamtdauer der geologischen Zeiträume zu verschaffen. Im ganzen ist die Frage der geologischen Zeitmessung noch ungelöst.

IV. **Die geschichtliche Entwicklung der geologischen Forschungsorganisationen.**

Sobald die wissenschaftliche Forschung von mehreren Personen desselben Kulturkreises gleichzeitig ausgeübt wurde, mußte sich das Bedürfnis nach einer gewissen Forschungsorganisation geltend machen. Derartige Organisationen sind daher uralt. Schon die antiken Philosophenschulen und manche Einrichtungen der mittelalterlichen Klöster sind hierher zu rechnen. Gegen Ende des Mittelalters beginnt man in Europa mit der Gründung von Universitäten; diese dienten jedoch zunächst nicht im gleichen Maße wie jetzt der Forschung; ihre Aufgaben blieben überwiegend auf die Lehrtätigkeit beschränkt. Erst mit der Entwicklung der Naturwissenschaften erweiterten die Universitäten im Laufe des 18. Jahrhunderts allmählich ihren Aufgabenkreis; sie wurden auch Forschungsinstitute. Dieser Umschwung vollzog sich aber sehr langsam; er ist auch nicht in allen Ländern in so starkem Maße wie in Deutschland in Erscheinung getreten.

In England sind die Universitäten noch jetzt mehr oder weniger auf ihren mittelalterlichen Aufgabenkreis beschränkt; das Schwergewicht der wissenschaftlichen Forschung liegt außerhalb dieser Unterrichtsanstalten oder ist nur lose mit ihnen verknüpft.

Bis in die ersten Jahrzehnte des vorigen Jahrhunderts hinein kamen auch in Deutschland die Universitäten als Forschungsorganisationen noch nicht wesentlich in Betracht. Das Bedürfnis nach derartigen Organisationen wurde in den vorangehenden Jahrhunderten nur in dürftiger Weise durch die von den Fürsten jener Zeit gepflegten Wissenschaftsakademien befriedigt. Viele dieser Akademien hatten ausgesprochen naturwissenschaftliche Tendenz; teilweise hatten sie nicht nur ideale, sondern auch praktische Ziele; sie waren also in gewissem Sinne Vorläufer unserer technisch-wissenschaftlichen Forschungsinstitute.

Die Akademien erfüllten jedoch ihren Zweck, die Zusammenarbeit der Gelehrten zu fördern, nur in unvollkommener Weise, die Forschung blieb im wesentlichen doch Sache von Einzelpersonen. Ganz besonders gilt dies für die Geologie, die in jener Zeit der Akademien noch ganz unentwickelt war. Geologen von Fach gibt es erst etwa seit Beginn des 19. Jahrhunderts. Vorher wurde die Geologie aus Liebhaberei oder praktischen Gründen von Leuten verschiedenen Berufs gepflegt.

Bis zur Mitte des 18. Jahrhunderts haben namentlich sehr viele Ärzte auf geologischem Gebiet Bedeutendes geleistet (z. B. Agricola, Steno, Lister, Scheuchzer, Füchsel, Woodward, Hutton u. a.). In der zweiten Hälfte des 18. Jahrhunderts spielen die Bergleute in der Geologie eine wichtige Rolle; der entscheidende Umschwung in der Entwicklung der Geologie, die Abkehr von phantastischen Spekulationen und die größere Wertschätzung der Naturbeobachtung ist dem Einfluß der Bergleute zu verdanken.

Auch noch im 19. Jahrhundert finden wir unter den Geologen zahlreiche „Dilettanten" die bedeutendes geleistet haben. So war Junghuhn, einer der ersten Erforscher der Vulkane Niederländisch-

Indiens, eigentlich Arzt von Beruf. Dasselbe gilt für Ebenezer Emmons, einen der ältesten amerikanischen Staatsgeologen. Merkwürdigerweise sind auch die Juristen unter den Geologen der ersten Hälfte des vorigen Jahrhunderts recht zahlreich (Keferstein, Fr. A. Roemer, de Verneuil); v. Leonhard war Kameralist, und R. Ludwig, der an der ersten geologischen Aufnahme Hessens so großen Anteil hatte, war im Hauptberuf Bankdirektor. Bis in die neueste Zeit hinein erstreckt sich die erfolgreiche geologische Tätigkeit des Pfarrers Engel in Württemberg.

Verständlich ist es, daß Ingenieure manchmal durch ihren Beruf zu geologischen Forschungen veranlaßt wurden, so z. B. Lionardo da Vinci und W. Smith, der Entdecker des Prinzips der Leitfossilien. Auch Ed. Sueß hat seine akademische Ausbildung als Techniker, nicht als Geologe durchgemacht. Sein Lebensweg ist bezeichnend dafür, wie beschränkt noch damals die akademischen Ausbildungsmöglichkeiten in Geologie waren, weil die Geologie noch nicht als besonderes Lehr- und Studienfach anerkannt war.

In den ersten Jahrzehnten des vorigen Jahrhunderts lag der Schwerpunkt der geologischen Forschung nicht bei Hochschulen oder anderen Staatsanstalten, sondern auch in Deutschland in den Händen von Privatleuten, die sich aus Liebhaberei der Wissenschaft widmeten. L. von Buch, A. v. Humboldt und C. v. Hoff sind die bedeutendsten unter den deutschen Privatgeologen jener Zeit gewesen. In England finden wir denselben Typus vertreten durch Poulett-Scrope, Lyell, Darwin u. a. mehr.

In England besitzt der unbeamtete Privatgelehrte auch jetzt noch viel größere Bedeutung als in Deutschland. Es beruht dies aber weniger auf dem größeren Reichtum Englands; die „Blütezeit" des deutschen Privatgeologen fällt ja gerade in die Jahre während und nach den napoleonischen Kriegen, also in die Zeit größter Armut. Der wachsende Wohlstand Deutschlands in den letzten Jahrzehnten des vorigen Jahrhunderts hätte wohl gestattet, daß sich auch in Deutschland das Privatgelehrtentum in ähnlicher Weise wie in England entwickelte. Und in der Tat waren Privatgelehrte in Deutschland vor dem Weltkriege wahrscheinlich in viel größerer Zahl vorhanden als in England; daß sie nicht in Erscheinung traten, liegt daran, daß die Universitäten in Deutschland eine ganz andere Rolle spielen als in England. Die englischen Universitäten sind noch jetzt hauptsächlich Unterrichtsanstalten; der Privatgelehrte, der in erster Linie forschen will, hat daher keine Veranlassung, sich an diese Anstalten anzuschließen. Anders in Deutschland; hier sind die Universitäten auch Forschungsinstitute, es entspricht daher den Bedürfnissen des Privatgelehrten, sich den Universitäten wenigstens in loser Form, als unbesoldeter Dozent, anzuschließen.

Auf den Hochschulen hat die Geologie erst im Laufe des vorigen Jahrhunderts ihren Einzug gehalten. Es wurde manchmal die Ansicht geäußert, daß der Aufschwung der Geologie in der ersten Hälfte des vorigen Jahrhunderts damit zusammenhing, daß in dieser Zeit die Hochschulen sich der Geologie angenommen hätten. Aus dem oben Gesagten dürfte aber hervorgehen, daß die Entwicklung, ursächlich betrachtet, den umgekehrten Verlauf genommen hat: Zuerst wurde die Geologie, hauptsächlich durch Privatleute, zu einer Wissenschaft entwickelt, dann erst erkannte man die Notwendigkeit, sie auch als akademisches Unterrichtsfach anzuerkennen.

Es liegt auf der Hand, daß es die Bergakademien waren, welche der Geologie zuerst größere Beachtung schenkten. Diese Fachhochschulen wurden größtenteils in der zweiten Hälfte des 18. Jahrhunderts gegründet (Freiberg 1765, Berlin und Schemnitz 1770, Petersburg 1783, Paris 1790). Auch an diesen Anstalten wurde die Geologie nicht von vornherein als besonderes Lehrfach angesehen. Erst im Jahre 1780 begann Werner in Freiberg mit Vorlesungen über „Gebirgskunde oder Geognosie“. Dies war wohl die erste akademische Vorlesung über Geologie.

Von diesem Anfang bis zur Einrichtung eigener Lehrstühle für Geologie war aber noch ein weiter Weg. Lange Zeit war die Geologie als Lehrfach noch mit anderen Fächern vereinigt. Auf den Bergakademien, die in dieser Hinsicht am weitesten vorgeschritten waren, finden wir schon zu Ende des 18. Jahrhunderts in der Regel eine Vereinigung der Geologie mit der Mineralogie oder mit der Bergbaukunde. An den Universitäten dagegen war bis zum Anfang des vorigen Jahrhunderts in der Regel überhaupt nur eine einzige Professur für Naturwissenschaften vorhanden, die meist von einem Zoologen oder Botaniker besetzt war, so daß die Geologie kaum zur Geltung kam.

Diese naturwissenschaftlichen Sammelprofessuren wurden nun langsam aufgespalten. Zuerst entwickelte sich die Mineralogie als besonderes Lehrfach; die erste deutsche Universitätsprofessur für

Mineralogie wurde 1808 in Berlin eingerichtet. Die anderen deutschen Universitäten folgten dem Beispiel Berlins langsam nach. Es war selbstverständlich, daß die Geologie in diesem Entwicklungsstadium vom Mineralogen mit vertreten wurde. Daß die Mineralogie zuerst mit Lehrstühlen bedacht wurde, beruht darauf, daß diese Wissenschaft als Museumswissenschaft schon im 18. Jahrhundert sich zu größerer Blüte entwickelt hatte, während die Geologie zunächst noch unentwickelt geblieben war. In den ersten Jahrzehnten des vorigen Jahrhunderts finden wir die Mineralogie und Geologie öfters auch noch mit der Chemie zusammen in einer einzigen Professur vereinigt, wie ja überhaupt die Chemiker in früheren Jahrzehnten in viel stärkerem Maße als jetzt sich auf geologischem Gebiete betätigten. Das bekannteste Beispiel dafür ist G. Bischof, von 1822 bis 1870 Ordinarius für Chemie in Bonn, der Verfasser eines Lehrbuches für chemische und physikalische Geologie.

Seltener finden wir in jener ersten akademischen Periode der Geologie eine Zusammenfassung mit der Zoologie; dies ergab sich dann, wenn ein Zoologe paläontologische Interessen hatte. So war Goldfuß von 1818 ab Professor für Zoologie und Mineralogie in Bonn, und der ebenfalls als Paläontologe bekannte Bronn war von 1828 ab Professor der Zoologie und der Gewerbewissenschaften (!) in Heidelberg.

Eigene Ordinariate für Geologie gab es in Deutschland in den ersten Jahrzehnten des 19. Jahrhunderts noch nicht. Die westeuropäischen Länder sind uns in dieser Hinsicht vorangegangen. Die älteste, ausschließlich auf Geologie beschränkte Professur wurde im Jahre 1793, also mitten in der Revolution, für Faujas de Saint Fond am Musée d'histoire naturelle in Paris eingerichtet. Die englischen Universitäten folgten diesem Beispiel nach Beendigung der napoleonischen Kriege. 1818 wurde Sedgwick in Cambridge, 1819 Buckland in Oxford zum Professor für Geologie ernannt. In Deutschland aber dauerte es noch bis zum Jahre 1843, ehe Schafhäutl in München eine Professur erhielt, in welcher die Geologie nicht mehr mit der Mineralogie, wohl aber mit Bergbau und Hüttenkunde vereinigt war. Diese Trennung von Mineralogie und Geologie hat dann in der zweiten Hälfte des vorigen Jahrhunderts und namentlich in den ersten Jahrzehnten des jetzigen Jahrhunderts weitere Fortschritte gemacht, aber die ganze Entwicklung war sehr langsam und noch jetzt haben drei deutsche Universitäten (Erlangen, Rostock, Würzburg) die Trennung nicht durchzuführen vermocht.

Inzwischen hat die Geologie einzelne Sondergebiete so stark entwickelt, daß ein einziger Lehrstuhl für Geologie den modernen Bedürfnissen gar nicht mehr völlig gerecht werden kann. Namentlich die Paläontologie ist eine Wissenschaft für sich geworden, die durch eine besondere Professur vertreten werden sollte. Auch hierin ist uns das Ausland wieder vorangegangen. Frankreich errichtete schon 1853 eine Professur für Paläontologie am Pflanzengarten in Paris; der erste Inhaber war d'Orbigny. Frankreich ist in solchen Dingen stets recht unternehmend; es entwickelt aber nur die wissenschaftlichen Institute der Hauptstadt und vernachlässigt die kleineren Universitäten.

Andere Länder dagegen haben die Aufspaltung von Geologie und Paläontologie schon an zahlreichen Universitäten durchgeführt. Glänzend ausgestattet sind in dieser Hinsicht namentlich zahlreiche amerikanische Universitäten, die nicht nur über getrennte Lehrstühle für Geologie und Paläontologie verfügen, sondern daneben oft mehrere planmäßige Lehrstühle für Geologie besitzen. Man kann nicht leugnen, daß Deutschland in dieser Hinsicht recht stark in der Entwicklung zurückgeblieben ist, besonders wenn man sieht, daß außer in Nordamerika auch in Belgien, Österreich, Böhmen, Schweden, ja sogar in Griechenland, Serbien, Argentinien und Neuseeland besondere Lehrstühle für Paläontologie vorhanden sind.

In Deutschland ist in dieser Hinsicht zwar manches versucht worden, aber bisher noch nichts dauerndes erreicht worden. Früher allerdings gab es gewisse Anfänge einer Aufspaltung von Geologie und Paläontologie; sie entwickelten sich aus den oben erwähnten zoologisch-paläontologischen Professuren. Namentlich in Bonn hat sich auch nach dem Tode von Goldfuß (1848) eine planmäßige Kustodenstelle für Paläontologie erhalten, deren erster Inhaber Ferd. Roemer war. Aus ihr entwickelte sich 1873 ein Extraordinariat, 1882 ein Ordinariat für Paläontologie; als aber der Inhaber dieses Lehrstuhles, Cl. Schlüter, 1906 aus dem Amte schied und gleichzeitig die bisher vereinigte Professur für Mineralogie und Geologie aufgeteilt wurde, da vereinigte man die Paläontologie auch hier mit der Geologie. Dies ist zur Zeit in ganz Deutschland der normale Zustand.

Die Abtrennung der Paläontologie von der Geologie ist nicht das einzige Problem, welches zur Diskussion steht. Auch die Geologie im engeren Sinne ist teilungsbedürftig geworden. Die allgemeine oder, wie man besser sagen würde, die dynamische Geologie, hat sich zu einem besonderen, ausgedehnten Wissensgebiet entwickelt. Dieses Teilungsbedürfnis hat in Deutschland schon seit längerer Zeit etwas Berücksichtigung gefunden. In Berlin hatte J. Roth seit 1867 ein Extraordinariat, von 1887—1892 ein Ordinariat für Petrographie und allgemeine Geologie. Allerdings war dies eine rein persönliche Einrichtung, die nach dem Tode Roths wieder verschwunden ist. Eine dauernde, planmäßige Teilung ist dank den von Rothpletz gegebenen Anregungen erst nach dem Kriege in München durchgeführt worden — wiederum ist es München, welches in Deutschland den ersten Schritt tut. Seit 1920 gibt es in München eine Professur für allgemeine Geologie neben einer Professur für Stratigraphie und Paläontologie. Eine andere Art der Trennung wurde, ebenfalls infolge eines persönlichen Vermächtnisses, in Bonn durchgeführt, wo 1919 eine besondere Professur für praktische Geologie gegründet wurde.

Schon zu Anfang des vorigen Jahrhunderts fühlte man das Bedürfnis, besondere Organisationen für die Pflege der praktischen Geologie zu schaffen. Zunächst genügten die Bergbehörden diesen Bedürfnissen; sie waren zu Anfang des 19. Jahrhunderts noch keine reinen Verwaltungsbehörden, sondern erfüllten Aufgaben, die jetzt den geologischen Landesanstalten zufallen. Sachsen begann schon im Jahre 1789 mit der Aufnahme geologischer Karten durch Schüler der Bergakademie. Auch im 19. Jahrhundert entwickelten die deutschen Bergbehörden teilweise noch eine sehr rege geologische Tätigkeit. Besonders erfolgreich war die geologische Aufnahme, welche der Bonner Berghauptmann H. v. Dechen (1800—1889) in den Jahren 1855—1884 in Rheinland und Westfalen zur Ausführung brachte. In den letzten Jahrzehnten jedoch hat sich die Bergbehörde wesentlich verwaltungstechnischen Aufgaben gewidmet. Nur noch in Bayern erinnert die Verknüpfung der Landesanstalt mit dem Oberbergamt an die früheren Verhältnisse.

Die Bergbehörden konnten aber schon in den ersten Jahrzehnten des vorigen Jahrhunderts den speziellen geologischen Aufgaben nicht mehr voll entsprechen. Man schritt daher zur Gründung besonderer staatlicher Anstalten, deren Hauptaufgabe die Herstellung geologischer Karten sein sollte. Zunächst begnügte man sich mit sog. „geologischen Kommissionen", d. h. es wurden Geologen, die hauptamtlich als Universitätslehrer tätig waren, nebenamtlich mit Kartierungsarbeiten beauftragt. Diese Kommissionen entwickelten sich also in enger Verbindung mit den Universitäten, und zwar setzte die Bildung dieser Körperschaften in den dreißiger Jahren des vorigen Jahrhunderts in zahlreichen Ländern ein; einzelne Länder hatten schon etwas früher ähnliche Einrichtungen.

Die nebenamtliche Beschäftigung mit den Kartierungsarbeiten konnte jedoch auf die Dauer den stetig wachsenden Ansprüchen nicht mehr genügen, die geologischen Kommissionen entwickelten sich daher mehr oder weniger schnell zu Anstalten mit hauptamtlich angestellten Geologen, also zu den jetzigen Landesanstalten. Bereits i. J. 1835 gründete England den „Geological Survey of the United Kingdom", 1849 folgte Österreich mit der Gründung der k. u. k. Geologischen Reichsanstalt. Die übrigen Länder folgten in späteren Jahrzehnten; nur wenige, kleinere Länder, z. B. die Schweiz, begnügen sich noch jetzt mit geologischen Kommissionen. Aus dem geschilderten Entwicklungsgang der

Landesanstalten erklärt es sich, daß namentlich in Deutschland die Leitung der Landesanstalten häufig mit einem Universitätslehrstuhl für Geologie durch Personalunion verbunden war; bei der preußischen geologischen Landesanstalt bestand die Personalunion mit der Universität bis zum Jahre 1896 (d. h. bis zum Tode Beyrichs), und die Verbindung mit der Bergakademie blieb sogar bis 1907 bestehen. Bei einigen kleineren deutschen Landesanstalten besteht die erwähnte Personalunion noch jetzt.

Die Aufgaben der Landesanstalten erweiterten sich mehr und mehr. Ursprünglich hatte man nur Übersichtskarten in kleinen Maßstäben hergestellt; allmählich steigerte man die Genauigkeit der Aufnahme und ging zur Herstellung geologischer Spezialkarten immer größeren Maßstabs über. Schließlich kamen zur Kartenaufnahme noch neue, berg- und bodenwirtschaftliche Aufgaben; bei der preußischen Landesanstalt spielen diese wirtschaftlichen Aufgaben erst seit etwa 20 Jahren eine größere Rolle. Bei manchen ausländischen Landesanstalten ist der Aufgabenkreis noch größer als bei unseren deutschen Landesanstalten. So gehört z. B. in Nordamerika auch die topographische Landesaufnahme und der Wasserwirtschaftsdienst zu den Aufgaben des Geological Survey.

Es ergab sich schon aus der ursprünglichen Aufgabe der Landesanstalten, der Herstellung von geologischen Karten, aber noch mehr aus den neueren, wirtschaftlichen Aufgaben, daß diese Anstalten sich nicht allein auf die rein mechanische Erledigung dieser Aufgaben beschränken konnten, sondern daß sie sich auch zu wissenschaftlichen Forschungsanstalten im weiteren Sinne entwickeln mußten; ihr Hauptarbeitsfeld blieb natürlich neben der topographischen Geologie die mit der Kartenaufnahme im innigsten Zusammenhang stehende Stratigraphie. Aber da die Geologie letzten Endes ein unteilbares Ganzes bildet, so mußte sich die Forschertätigkeit der Landesanstalten schließlich auch auf andere geologische Probleme erstrecken. Besondere Forschungsinstitute, wie sie für andere Naturwissenschaften in den letzten Jahrzehnten in Deutschland und anderwärts eingerichtet wurden, fehlen der Geologie fast vollkommen; aber sie werden eben durch die staatlichen Landesanstalten ersetzt. Das einzige größere, nicht staatliche Forschungsinstitut, das sich auch mit geologischen Fragen beschäftigt, ist das Geophysical Laboratory des Carnegie-Instituts in Washington; aber auch diese Einrichtung ist in gewissem Sinne ein Ableger der nordamerikanischen Bundesanstalt.

Besondere praktische Aufgaben sind der Geologie im Weltkriege erwachsen. Es ist allerdings schon fast ein Jahrhundert vergangen, seit im Jahre 1833 der erste von der amerikanischen Bundesregierung angestellte Geologe, ein Engländer namens Featherstonhaugh, in einer Eingabe an den amerikanischen Kongreß auf die Bedeutung der geologischen Kartierung für military engineering hinwies. Dennoch kam es in den Kriegen des 19. Jahrhunderts nicht zur Entwicklung einer „Kriegsgeologie"; diese blieb dem Weltkrieg vorbehalten. Schon einige Jahre vor Kriegsausbruch hatte in Deutschland W. Kranz auf die Bedeutung geologischer Kenntnisse für die moderne Kriegsführung hingewiesen. Während des Krieges wurde dann, hauptsächlich dank der Initiative von H. Philipp, im deutschen Heere eine große kriegsgeologische Organisation geschaffen, der fast alle deutschen Geologen angehörten. Ähnliche, wenn auch etwas kleinere Organisationen besaßen außer Österreich-Ungarn auch verschiedene Ententeheere, namentlich die Engländer und Amerikaner. Nach dem Kriege sind alle diese nur für Kriegszwecke geschaffenen Organisationen wieder verschwunden.

Zu den Forschungsorganisationen sind auch die geologischen Gesellschaften zu rechnen. Bis zum Ende des 18. Jahrhunderts kannte man nur allgemein-wissenschaftliche oder allgemein-naturwissenschaftliche Gesellschaften. Um die Jahrhundertwende jedoch war das Interesse an der Geologie so gewachsen, daß man mit der Gründung besonderer geologischer Gesellschaften begann. Die älteste Gesellschaft dieser Art ist die Geological Society of London, die im Jahre 1807 gegründet wurde, und zwar ausgesprochenermaßen mit dem Ziel, geologische Beobachtungen zu sammeln; ihre Gründung steht also in klarem Gegensatz zu der damals gerade überwundenen Epoche der phantastischen Spekulationen. Mit ähnlichen Tendenzen wurde ungefähr gleichzeitig in Edingburgh durch Jameson die Wernerian Society gegründet. 1830 folgte die Gründung der Société Géologique de France in Paris. In Deutschland hatten diese Gesellschaften stets geringere Bedeutung als in den westeuropäischen Ländern, weil bei uns die Universitäten den Bedürfnissen der Forschung besser entsprechen. Man empfand daher in Deutschland das Bedürfnis zur Gründung geologischer Gesellschaften erst im Revolutionsjahr 1848, das zugleich das Geburtsjahr der Deutschen Geologischen Gesellschaft ist.

Die großen, national begrenzten Gesellschaften werden seit 1878 durch eine internationale Vereinigung, den internationalen Geologenkongreß, ergänzt; dieser tagte erstmals in Paris, dann alle drei Jahre in den verschiedensten Ländern, bis der große Krieg auch diese internationale, der Wissenschaft dienende Einrichtung zerstörte.

Das geologische Vereinswesen hat sich namentlich in den letzten Jahrzehnten noch weiter entwickelt und spezialisiert. So bildeten sich in Deutschland und auch in anderen Ländern eine ganze Anzahl von Vereinen, die sich auf die Pflege der geologischen Erforschung eines örtlich begrenzten Gebietes beschränken. Ferner gründete man besondere Gesellschaften für die Pflege von Teilgebieten der Geologie; die älteste Gesellschaft dieser Art ist die Palaeontographical Society, die 1847 in England gegründet wurde; andere Länder folgten erst viel später mit der Gründung paläontologischer Gesellschaften. In Deutschland hat sich die 1910 gegründete Geologische Vereinigung die besondere Pflege der allgemeinen Geologie zum Ziel gesetzt; in Amerika gibt es eine Society of Economic Geologists, of Petroleum Geologists usw.; so sehen wir, daß auch in diesen Vereinigungen die stetig fortschreitende Aufspaltung unserer Wissenschaft zum Ausdruck kommt.

Die Mehrzahl der genannten Vereine fördert die Wissenschaft einerseits durch regelmäßige Zusammenkünfte, dann aber hauptsächlich auch durch die Herausgabe wissenschaftlicher Zeitschriften. Neben diesen Vereinszeitschrifen gibt es noch eine ganze Reihe von anderen geologischen Zeitschriften, die von Privatunternehmern in Verbindung mit Fachleuten herausgegeben werden. Derartige Zeitschriften, die speziell der Geologie und deren Nachbargebieten gewidmet sind, gibt es seit dem Ende des 18. Jahrhunderts. Die älteste Zeitschrift dieser Art dürften Voigts mineralogisch-bergmännische Abhandlungen sein, die in Weimar von 1789 an erschienen, aber nicht über drei Jahrgänge hinauskamen.

Von den noch jetzt erscheinenden Zeitschriften ist das französische Journal (später Annales) des Mines das älteste; es erscheint seit 1795. In Deutschland erscheint seit 1807 Leonhards Taschenbuch für die gesamte Geologie, das von 1830 an den Namen „Neues Jahrbuch für Mineralogie, Geognosie, Geologie und Petrefaktenkunde" erhielt. Neben dieser noch jetzt sehr wichtigen Zeitschrift spielte von 1829—1855 Karstens Archiv für Mineralogie, Geognosie, Bergbau- und Hüttenkunde eine bedeutende Rolle. Die genannten Zeitschriften umfassen auch die Mineralogie. Unter den rein geologischen Zeitschriften spielen außer den Vereinszeitschriften seit einem halben Jahrhundert auch die Veröffentlichungen der staatlichen Landesanstalten eine wichtige Rolle.

Zeitschriften, welche nur Teilgebiete der Geologie behandeln, entwickelten sich naturgemäß erst etwas später. Zuerst kam es zur Gründung von Zeitschriften, die sich ausschließlich der Paläontologie widmeten. So erscheinen in Deutschland seit 1846 die zahlreichen Bände der „Paläontographica", in England seit 1847 die Veröffentlichungen der Palaeontographical Society. Beide Veröffentlichungen waren ursprünglich als Sammelwerk gedacht, welche das gesamte paläontologische Wissen zusammenfassen sollten; die unendliche Fülle des Stoffes hat aber schließlich dazu geführt, daß sich die Sammelwerke in eine Art von Zeitschrift verwandelten.

Paläontologische Zeitschriften ähnlicher Art wurden in den folgenden Jahrzehnten noch in zahlreichen anderen Ländern gegründet. Daneben entstand namentlich in den letzten Jahrzehnten eine ganze Reihe von Zeitschriften, welche der Pflege anderer Teilgebiete der Geologie gewidmet sind. Die stetig fortschreitenden Spezialisierung der Arbeitsgebiete und die Aufspaltung des Wissensstoffes kommt im Zeitschriftenwesen noch viel besser zum Ausdruck als in der Gliederung der akademischen Lehrstühle und der Vereine; nur aus historischen Gründen ist es zu verstehen, daß wir noch jetzt Zeitschriften besitzen, welche nicht nur das Gesamtgebiet der Geologie, sondern außerdem auch noch die Mineralogie umfassen. Dies könnte unökonomisch erscheinen, daher machen sich öfters Bestrebungen geltend, diese historisch gewordenen Zustände zu ändern. Man sollte jedoch nicht nur aus historischen Gründen Bedenken tragen, diesen Bestrebungen allzu leicht Folge zu geben; denn die historische Entwicklung unserer Wissenschaft lehrt unzweideutig, daß das nur sammelnde und ordnende Zeitalter überwunden ist, daß wir im Anfang eines Zeitalters der theoretischen Zusammenfassung stehen, und diese Zusammenfassung erfordert nichts weniger als weitere Abkapselung von den Nachbarwissenschaften, sie erfordert vielmehr, daß der Forscher sich auch über diese Nachbargebiete wenigstens einen gewissen Überblick verschaffen kann, und dazu sind gerade so umfassend referierende Zeitschriften wie das Neue Jahrbuch vorzüglich geeignet.

Sachregister.

FSC
www.fsc.org
MIX
Papier | Fördert
gute Waldnutzung
FSC® C083411

Kolibri 360 GmbH
Ferdinand-Jühlke-Straße 7
99095 Erfurt, Deutschland
produktsicherheit@kolibri360.de